双季超级稻栽培与气象保障技术

陆魁东 帅细强 刘富来 等◎著

气象出版社
China Meteorological Press

内 容 简 介

本书根据江南、华南双季稻不同气候生态区的田间试验资料和人工控制试验资料，系统地分析了双季超级稻关键生育期的形态指标和产量结构与主要气象因子之间的关联，揭示了影响超级稻超高产栽培的主要气象指标；根据田间试验结果和前人的研究成果，开展了双季超级稻精细化区划和生产潜力分析；利用先进的预测预警方法，开展了超级稻关键生育期高温热害和低温冷害的动态预警和实时监测评估。

本书可供从事应用气象、水稻栽培和农业技术推广的科技工作者在业务和科研工作中参阅，同时也可供粮食种植大户参考。

图书在版编目(CIP)数据

双季超级稻栽培与气象保障技术／陆魁东等著. --

北京：气象出版社，2016.6

ISBN 978-7-5029-6300-2

Ⅰ.①双… Ⅱ.①陆… Ⅲ.①双季稻-栽培技术②双季稻-农业气象预报 Ⅳ.①S511.4②S165

中国版本图书馆 CIP 数据核字(2015)第 298582 号

Shuangji Chaojidao Zaipei yu Qixiang Baozhang Jishu

双季超级稻栽培与气象保障技术

出版发行：气象出版社

地　　址：北京市海淀区中关村南大街 46 号　　　　邮政编码：100081

电　　话：010-68407112(总编室)　010-68409198(发行部)

网　　址：http://www.qxcbs.com　　　　E-mail：qxcbs@cma.gov.cn

责任编辑：崔晓军　王凌霄　　　　　　终　　审：邵俊年

责任校对：王丽梅　　　　　　　　　　责任技编：赵相宁

封面设计：易普锐创意

印　　刷：中国电影出版社印刷厂

开　　本：787 mm×1 092 mm　1/16　　　印　　张：10.5

字　　数：270 千字

版　　次：2016 年 6 月第 1 版　　　　　印　　次：2016 年 6 月第 1 次印刷

定　　价：65.00 元

编 委 会

前　言

　　超级稻(super rice)即超高产水稻,迄今尚无一个统一标准的严格定义,一般而言,是指在各个主要性状方面如产量、米质、抗性等均显著超过现有品种的水稻品种(组合),具体来说,是指在抗性和米质与对照品种(组合)相仿的基础上,产量有大幅度提高的新品种(组合)。中华人民共和国农业部于1996年启动"中国超级稻育种计划",经过近20年的努力,由杂交水稻之父袁隆平院士主持培育计划,分别于2000,2005,2011和2014年实现了一季超级稻第1期(700 kg/亩*)、第2期(800 kg/亩)、第3期(900 kg/亩)和第4期(1 000 kg/亩)的产量目标。

　　随着粮食安全问题的日益突出,最大限度地挖掘和充分发挥水稻产量潜力的研究越来越引起国内外的高度重视。提高粮食单位面积产量的重要途径是推广双季超级稻的种植面积,2007年,袁隆平院士又提出了"种三产四"超级稻丰产工程,即用3亩地生产出4亩地的粮食。自该丰产工程启动以来,双季超级稻在长江中下游地区的双季稻种植区广泛推广。但多年来有关双季超级稻高产、稳产的研究主要集中在品种的选育和栽培技术方面,而有关气象保障技术研究几乎处于空白。

　　为探明超级稻超高产栽培中的气象条件,解决超级稻超高产栽培中的气象瓶颈问题,2012年,由湖南省气象科学研究所承担了科技部公益性行业(气象)科研专项"超级稻超高产栽培气象保障技术研究"项目,并联合江西省气象科学研究所、南京信息工程大学、湖南杂交水稻研究中心(国家杂交水稻工程技术研究中心)、湖南省气候中心、湖南省气象培训中心(长沙农业气象试验站),分别在江西南昌、湖南长沙、广东韶关、广西柳州开展了为期2年的分期播种田间试验。此外,还在超级早稻分蘖期、超级晚稻抽穗开花期设置了不同温度级别的人工控制试验。通过田间试验和人工控制试验,获取双季超级稻形态指标和产量结构数据,通过与气候因子的关联分析,建立超级稻超高产栽培气候适宜性指标,摸清不同气候生态区超级稻的气候生产潜力,进行超级稻超高产精细化农业气候区划,建立超级稻超高产栽培气候资源优化利用模式,建立超级稻超高产农业气象灾害监测预警和农用天气预报模型,研制集农业气象指标、气候区划布局和生产潜力评估、优化栽培、农用天气预报、农业气象灾害监测预警等技术于一体的综合服务

---

　　* 1亩＝1/15 hm²,下同

平台。最终实现超级稻布局科学、栽培方式合理、规避气象灾害措施有力,从而为大面积推广超级稻、发挥超级稻高产潜力提供农业气象技术保障。

《双季超级稻栽培与气象保障技术》一书,是在科技部公益性行业(气象)科研专项"超级稻超高产栽培气象保障技术研究"的研究成果的基础上编写而成。本书共分为7章,其中前言由刘富来编写;第1章由陆魁东、刘富来编写;第2章由宋忠华、李迎春、宁金花、张金恩、姚俊萌、杨蓉、田俊、马国辉、龙继锐、陆魁东编写;第3章由宋忠华、李迎春、张金恩、辜晓青编写;第4章由杜东升、廖玉芳、谢佰承编写;第5章由帅细强编写;第6章由黄晚华、张超、陆魁东编写;第7章由江晓东、杨沈斌编写。蔡荣辉在2012—2013年担任课题组长期间,做了大量的组织协调工作。周玉在组织长沙、韶关、柳州三地田间试验中做了大量的组织协调工作。韶关农业科学研究所和柳州农业气象试验站的相关人员在2012—2013年的田间试验中付出了辛勤的劳动。湖南省气象局汪扩军研究员在项目申报和研究过程中给予了技术指导,在此一并表示感谢。

编写本书的目的是为了总结超级稻超高产栽培与气象条件之间的关联,作者深知这个任务艰巨,虽竭尽全力,但由于编写人员水平有限,书中难免有不完善之处,衷心期待读者批评指正。此外,编写过程中,引用了他人许多研究成果,均在参考文献中列出,但难免有遗漏之处,敬请有关作者谅解,并表示歉意。

著　者
2016 年 1 月 16 日

目　　录

前言

第1章　绪论 ……………………………………………………………（ 1 ）

1.1　研究的背景、目的和意义 …………………………………………（ 1 ）

1.2　组织实施 ……………………………………………………………（ 2 ）

1.3　主要研究内容及预期目标 …………………………………………（ 3 ）

1.3.1　主要研究内容 ……………………………………………（ 3 ）

1.3.2　预期目标 …………………………………………………（ 3 ）

1.4　进度安排与年度任务 ………………………………………………（ 3 ）

1.4.1　2012 年主要任务和考核指标 ……………………………（ 3 ）

1.4.2　2013 年主要任务和考核指标 ……………………………（ 4 ）

1.4.3　2014 年主要任务和考核指标 ……………………………（ 5 ）

1.5　组织方式和承担单位 ………………………………………………（ 5 ）

1.5.1　组织方式 …………………………………………………（ 5 ）

1.5.2　承担单位与主要研究人员 ………………………………（ 6 ）

1.6　主要研究成果 ………………………………………………………（ 6 ）

第2章　地理分期播种试验 ……………………………………………（ 8 ）

2.1　长沙分期播种结果分析 ……………………………………………（ 8 ）

2.1.1　试验基本情况 ……………………………………………（ 8 ）

2.1.2　双季超级早稻气象条件分析 ……………………………（ 9 ）

2.1.3　双季超级晚稻气象条件分析 ……………………………（ 15 ）

2.1.4　小结 ………………………………………………………（ 25 ）

2.2　南昌分期播种结果分析 ……………………………………………（ 26 ）

2.2.1　试验基本情况 ……………………………………………（ 26 ）

2.2.2　分期播种超级稻生育期分析 ……………………………（ 27 ）

2.2.3　分期播种生长状况和生长量分析 ………………………（ 31 ）

2.2.4　产量及产量结构分析 ……………………………………（ 41 ）

2.2.5　超级稻高产气象条件分析 ………………………………（ 43 ）

2.3　韶关分期播种结果分析 ……………………………………………（ 54 ）

2.3.1　试验概述 …………………………………………………（ 54 ）

2.3.2　产量结构分析 ……………………………………………（ 54 ）

2.3.3　韶关地区超级稻高产气象条件分析 ……………………（ 56 ）

　　2.3.4　小结 ……………………………………………………………（58）

　2.4　柳州分期播种结果分析 …………………………………………………（58）

　　2.4.1　试验概述 ………………………………………………………（58）

　　2.4.2　产量结构分析 …………………………………………………（59）

　　2.4.3　柳州地区超级稻高产气象条件分析 …………………………（60）

　　2.4.4　小结 ……………………………………………………………（62）

　2.5　施氮量与移栽密度最佳配置方式 ………………………………………（63）

　　2.5.1　试验材料与方法 ………………………………………………（64）

　　2.5.2　试验结果 ………………………………………………………（65）

　　2.5.3　结论与讨论 ……………………………………………………（68）

　参考文献 ……………………………………………………………………（69）

第3章　人工控制温度试验 ……………………………………………………（70）

　3.1　控制试验设计 ……………………………………………………………（70）

　　3.1.1　分蘖期温度控制试验设计 ……………………………………（70）

　　3.1.2　孕穗抽穗期温度控制试验设计 ………………………………（71）

　　3.1.3　数据统计分析 …………………………………………………（71）

　3.2　分蘖期温度控制试验分析 ………………………………………………（72）

　　3.2.1　不同温度处理对超级早稻生长状况和生长量的影响 ………（72）

　　3.2.2　不同温度处理对超级早稻分蘖动态的影响 …………………（73）

　　3.2.3　超级早稻分蘖百分率与出苗后积温关系模拟 ………………（74）

　　3.2.4　不同温度处理对超级早稻产量构成的影响 …………………（75）

　　3.2.5　超级早稻分蘖期临界低温指标 ………………………………（77）

　　3.2.6　结论与讨论 ……………………………………………………（80）

　3.3　抽穗期温度控制试验分析 ………………………………………………（81）

　　3.3.1　抽穗开花期温度处理与生长量的分析 ………………………（81）

　　3.3.2　抽穗开花期气温对晚稻产量的影响 …………………………（82）

　　3.3.3　晚稻抽穗期适宜指标和低温阈值的确定 ……………………（83）

　　3.3.4　结论 ……………………………………………………………（84）

　参考文献 ……………………………………………………………………（84）

第4章　湘赣两省双季超级稻生产潜力研究 …………………………………（85）

　4.1　作物生产潜力研究概述 …………………………………………………（85）

　4.2　资料与方法 ………………………………………………………………（86）

　　4.2.1　研究区域概况 …………………………………………………（86）

　　4.2.2　基础数据及其来源 ……………………………………………（86）

　　4.2.3　生产潜力计算 …………………………………………………（87）

　　4.2.4　光合生产潜力 …………………………………………………（88）

　　4.2.5　光温生产潜力 …………………………………………………（89）

　　4.2.6　数据处理 ………………………………………………………（90）

4.3　双季超级稻生产潜力分析 ·· （90）

4.3.1　超级早稻生产潜力 ·· （90）

4.3.2　超级晚稻生产潜力 ·· （95）

4.3.3　双季超级稻生产潜力 ·· （99）

4.4　结论与讨论 ··· （103）

参考文献 ··· （105）

第5章　双季超级稻种植精细化区划 ·· （107）

5.1　区划研究概述 ·· （107）

5.2　资料与方法 ··· （108）

5.2.1　资料来源 ·· （108）

5.2.2　空间插值方法 ·· （108）

5.2.3　区划数据集 ·· （109）

5.2.4　MaxEnt 模型 ·· （109）

5.3　双季超级稻品种熟性搭配气候适宜性区划 ······························· （109）

5.3.1　指标 ·· （109）

5.3.2　区划制作与结果分析 ·· （111）

5.4　双季超级稻气象灾害风险区划 ··· （113）

5.4.1　指标 ·· （113）

5.4.2　区划制作与结果分析 ·· （113）

5.5　双季超级稻高产区划 ··· （116）

5.5.1　指标及区划 ·· （116）

5.5.2　区划结果分析 ·· （117）

5.6　MaxEnt 模型在湖南省双季超级稻种植气候适宜性区划中的应用 ······ （118）

5.6.1　资料说明 ·· （118）

5.6.2　模型模拟精度检验 ·· （118）

5.6.3　影响因子的筛选 ·· （119）

5.6.4　主导气候因子的选择 ·· （119）

5.6.5　湖南双季超级稻气候适宜性分布 ···································· （119）

5.6.6　结果分析 ·· （120）

5.7　生产建议 ··· （121）

参考文献 ··· （121）

第6章　低温冷害预警 ·· （122）

6.1　分蘖期低温冷害预警 ··· （122）

6.1.1　预警指标研究 ·· （122）

6.1.2　基于作物模型模拟的预警技术研究 ·································· （123）

6.2　抽穗开花期低温冷害预警 ··· （126）

6.2.1　预警指标研究 ·· （126）

6.2.2　基于作物模型模拟的预警技术研究 ·································· （127）

6.2.3 应用 ··· (130)

6.3 播种育秧期低温冷害预警 ·· (131)

6.3.1 预警指标 ··· (131)

6.3.2 预警方法 ··· (131)

6.3.3 应用 ··· (131)

参考文献 ·· (132)

第7章 高温热害动态监测预警 ·· (134)

7.1 超级稻高温热害指标研究 ·· (134)

7.1.1 水稻高温热害指标研究概述 ··· (134)

7.1.2 超级稻高温热害指标构建 ··· (136)

7.2 湖南超级稻高温热害特征 ·· (138)

7.2.1 抽穗开花期 ··· (138)

7.2.2 灌浆乳熟期 ··· (142)

7.3 超级稻高温热害动态监测评估 ·· (147)

7.3.1 2012年高温监测 ·· (147)

7.3.2 2013年高温监测 ·· (148)

7.3.3 2014年高温监测 ·· (149)

7.4 超级稻高温热害预警 ·· (149)

7.4.1 标准化异常度的定义 ··· (149)

7.4.2 标准化异常度预报指数临界阈值确定方法 ································· (150)

7.4.3 早稻灌浆期高温热害预警回代检验 ······································· (151)

7.5 小结 ·· (156)

参考文献 ·· (156)

第1章 绪 论

1.1 研究的背景、目的和意义

超级稻(super rice)一词由位于菲律宾的国际水稻研究所于1989年首先提出,也称为新株型稻。何谓超级稻,迄今并没有一个统一标准的严格定义,其主要原因是各家各派提出的产量指标并不相同。而且过去的超级稻界定为产量潜力比当时高产品种提高15%～20%,绝对产量为12～15 t/hm²。现代超级稻界定不仅要求其产量潜力大幅度提高,而且稻米品质要得到明显改善,且对主要病虫害的抗性全面提高。因此,超级稻是指根据特定的生态环境,利用各种育种方法和技术,按照预定的理想株型结构模式选育而成的抗性和米质等主要农艺性状与对照品种相仿、产量潜力有大幅度提高的新品种(组合)。

自1996年中华人民共和国农业部(以下简称"农业部")启动"中国超级稻育种计划"以来,经过近20年的努力,分别于2000,2005,2011和2014年实现了一季超级稻第1期(700 kg/亩)、第2期(800 kg/亩)、第3期(900 kg/亩)和第4期(1 000 kg/亩)的产量目标。自2006年开始双季超级稻进入了示范推广阶段。2007年袁隆平院士提出了"种三产四"超级稻丰产工程,即用3亩地生产出4亩地的粮食。自该工程启动以来,双季超级稻在长江中下游地区的双季稻种植区逐步推广。但是,在实际大面积生产中,绝大多数超级稻品种高产纪录的重演性差,地区间和年度间产量波动性大,大面积生产与小面积试验示范产量之间也存在巨大差异。究其原因,首先是各地农业气象灾害的发生频率及危害程度存在差异,从而导致影响超级稻关键生长期的低温冷害、高温热害、低温连阴雨及干旱、暴雨、大风等气象灾害对超级稻生长和产量形成构成的危害程度不一样。其次,各种植区的温光资源存在明显的差异,而超级稻超高产的发挥需要有与之相匹配的气候资源。由于受气候资源的制约,可能导致超级稻的高产潜力无法发挥。再者,由气象条件诱发的病虫害发生程度不一样,加之种植水平和田间管理措施等差异,也是制约超级稻高产发挥的一个重要原因。

近年不少农民引进了新闻媒体广泛报道的一些超级稻高产品种(组合),虽然产量显著增加,但与报道的纪录相差甚远。专家们认为:水稻品种的产量潜力,或者称为最高产量纪录,是在最适宜的栽培管理条件下,充分利用当地最有利于产量形成的温光资源获得的经济产量。农民种植的超级稻一般难以达到其高产纪录,其主要原因:一是超级稻的高产纪录是专家根据品种特性和肥水需求采取了比较科学的栽培措施,而农民朋友采用的传统栽培措施,难以满足超级稻对肥水等条件的要求;二是超级稻的高产纪录是在气候、土壤、肥、水比较好的自然条件下创造出来的,不是什么地方、什么年份都具有创造超级稻高产纪录的这些条件。比如:水稻抽穗及灌浆结实期较好的气候条件,对很多地方来说是可遇而不可求的。即使创造高产纪录的同一块地的同一位农民也不见得年年都可以达到高产纪录的水平。但完全可以肯定的是,只要种植得当,在同等条件下,与普通水稻相比,超级稻的产量一定会比其他品种(组合)高。

本研究拟通过对超级稻大面积栽培中的气象瓶颈问题进行系统的分析,特别是对超级稻生长发育阶段的形态特征及产量结构与气候资源之间的关联进行探讨,摸清制约超级稻产量形成的主导气候因子,在此基础上,利用 GIS 技术进行超级稻气候精细化区划,开展气象灾害预警技术研究,为超级稻品种属性的合理搭配及灾害防御提供依据,最终为超级稻大面积推广,充分发挥超级稻高产潜力提供农业气象技术保障。

1.2　组织实施

为了更好地完成研究任务,充分发挥人力、物力、仪器设备和基础设施等方面的优势,组织协调好各研究单位之间的分工协作,本研究实行项目组长负责制和承担单位承诺责任制,项目技术组全面负责整个项目的技术以及各专题间的协调。

本研究项目由湖南省气象科学研究所、江西省气象科学研究所、南京信息工程大学、湖南杂交水稻研究中心(国家杂交水稻工程技术研究中心)、湖南省气候中心和湖南省气象培训中心(长沙农业气象试验站)共同承担。

项目负责人总体负责项目的技术、组织和财务等方面工作,把握项目研究的目标和思路,保证各子专题研究内容与项目总体目标的协调和一致。

具体组织实施方式与管理措施如下:

(1)成立项目协调领导小组:协调各单位开展调查、研究与应用。

(2)设立专家顾问组:聘请国内相关领域的专家组成专家顾问组,对项目的实施提供咨询,保证项目策划的科学性和完整性。

(3)分工负责制:将项目任务目标和研究内容分解成子专题,明确责任人,专人负责。具体分工如下:

湖南省气象科学研究所:主持项目,负责项目的总体设计和实施,并承担子专题"超级稻超高产农业气象灾害监测预警技术研究"和"超级稻超高产栽培农业气象保障技术集成研究"。

江西省气象科学研究所:参与项目设计和实施,承担子专题"超级稻超高产栽培农业气象指标研究"与江西气候适应性田间试验工作。

南京信息工程大学:参与项目设计和实施,承担子专题"超级稻超高产农业气候生产潜力研究"与相关的田间试验。

湖南杂交水稻研究中心(国家杂交水稻工程技术研究中心):参与项目设计和实施,承担子专题"超级稻超高产栽培气候资源优化利用技术研究"与高产栽培田间试验。

湖南省气候中心:参与项目设计和实施,承担子专题"超级稻超高产农业气候精细化区划研究"。

湖南省气象培训中心(长沙农业气象试验站):参与项目设计和实施,承担湖南、广东、广西超级稻气候适应性田间试验和辅助人工控制试验工作。

(4)设立项目技术组:由项目负责人、各子专题研究内容负责人和主要技术骨干组成,负责各子专题研究工作的协调、项目进展情况和任务完成情况的监督检查、项目技术路线和研究方法的整体把握、项目研究成果的质量把关。各子专题责任人根据项目的总体要求和各子专题任务,组织协调开展相关研究工作,并定期将各子专题进展情况向项目主持单位报告。

（5）年度总结评估制：各子专题承担者严格按照项目实施方案中年度计划要求完成各项任务。在每一年度末，由项目负责人召集项目技术组成员进行年度总结会。由各子专题负责人汇报经费使用、项目实施和进展、研究成果等方面的情况。项目技术组针对项目实施过程中出现的问题及时提出解决方案，根据年度计划实施情况进行表彰或批评。

（6）成果登记制：项目技术组根据项目实施进展情况，及时督促办理项目科技成果登记手续。

（7）定期学术技术交流制：定期组织项目组成员进行学术交流。同时，聘请相关领域国内外专家举办专题讲座，派遣项目组成员进行与本项目研究相关的访问、调研和交流。

（8）关键技术问题联合攻关制：针对项目研究中的关键技术瓶颈，及时组织联合攻关，集中时间，集中人力，重点解决。

1.3　主要研究内容及预期目标

1.3.1　主要研究内容

研究项目围绕超级稻超高产栽培气象保障的迫切需求，着眼超级稻高产栽培关键气象保障技术和超级稻超高产栽培的理想群体结构所需气候生态环境及个体对温光敏感的特殊要求，通过地理分期播种田间试验以及辅助人工控制试验，建立超级稻超高产栽培气候适宜性指标，摸清不同气候生态区超级稻的气候生产潜力，进行超级稻超高产精细化农业气候区划，为超级稻超高产栽培提供科学合理布局；建立超级稻超高产栽培气候资源优化利用模式，为超级稻超高产栽培提供合理栽培方式；建立超级稻超高产农业气象灾害监测预警模型，研制集农业气象指标、气候区划布局、生产潜力评估、优化栽培、农业气象灾害监测预警等技术于一体的综合服务平台，为超级稻生产提供实时气象保障和减灾应对措施。最终实现超级稻布局科学、栽培方式合理、规避气象灾害措施有力，从而为大面积推广超级稻、发挥超级稻高产潜力提供农业气象技术保障。

1.3.2　预期目标

通过研究预期为地方政府提供有影响的决策服务材料 2～3 篇；建立示范基地 3 个，示范面积达到 3 000 亩，并向周边地区辐射，项目完成后辐射面积达到 100 万亩以上；预期获得软件著作权 1 项，出版科技著作 1 部，在核心刊物上发表论文 10 篇；培养研究生 3～5 名。

1.4　进度安排与年度任务

1.4.1　2012 年主要任务和考核指标

（1）主要任务

1）设计超级稻地理分期播种试验和辅助人工控制试验实施方案并开展试验；进行气象要素观测、超级稻生育期观测、形态特征观测和产量构成分析；初步开展光、温、水气象要素对超级稻的影响分析。

2)收集超级稻的品种生长发育数据；收集基础地理数据；收集最新长序列温、光、水气象资料，开展气象要素空间网格化处理。

3)进行品种熟性搭配试验、品种密度试验、品种不同施肥量试验；开展超级稻品种搭配方式的适应性研究；开展种植密度对超级稻群体的影响研究；开展施肥量与温光等气候资源的耦合效应研究。

4)对国内外水稻生长模型特征和运行环境进行比较，确立超级稻生长模型的技术和方法，进行超级稻田间试验设计和实施，为建立超级稻生长模型提供基础数据。

5)设计"超级稻超高产栽培农业气象保障技术服务平台"(以下简称"平台")功能模块。

(2)考核指标

1)超级稻地理分期播种试验和辅助人工控制试验实施方案 1 套。

2)建立超级稻品种特征数据库、超级稻区气象资料数据库和地理信息数据库。

3)气象要素小网格序列 1 套。

4)初步探明超级稻对主要农业气候因子的响应情况，提出高产播种期、栽培密度、施肥水平等主要栽培技术措施。

5)确立超级稻生长模型的技术和方法。

6)搭建平台初步框架。

1.4.2　2013 年主要任务和考核指标

(1)主要任务

1)继续开展超级稻地理分期播种试验和辅助人工控制试验，并进行相应观测，初步建立超级稻超高产栽培农业气象适宜性组合指标。

2)结合超级稻品种特性、气象资料和地理信息数据，采用农业生态区域(AEZ)模型、Miami 模型、Thornthwaite Memorial 模型和 Wageningen 模型等计算超级稻气候生产潜力，结合超级稻气候生产潜力计算结果与实际产量的对比分析，对各模型进行综合评判，订正模型参数，筛选出计算超级稻气候生产潜力的最佳模型。

3)收集整理超级稻品种熟性搭配指标、气候适宜性指标、灾害指标，进行超级稻指标的网格化推算。

4)探明超级稻生长发育、产量形成与主要气象因子的响应生理机制；确定超级稻的适宜群体指标，并制定相应的调控技术；初步集成温光水资源高效利用超级稻生育配置模式及其高产高效配套技术体系。

5)利用超级稻观测数据，初步建立超级稻作物生长模拟模型。采用统计方法，结合作物模型等综合分析超级稻的灾害损失率，初步建立基于作物生长模拟模型的农业气象灾害监测预警模型。

6)初步完成平台各功能模块设计，主框架功能初步集成。

(2)考核指标

1)初步建立超级稻超高产栽培农业气象适宜性指标。

2)完成相关决策服务材料 1 篇以上。

3)确定气候生产潜力计算方法 1 套。

4)建立超级稻指标数据集。

5)明确超级稻超高产气候资源利用适宜群体指标,并集成相应调控技术。

6)提供超级稻作物生长模拟模型 1 套。

7)实现平台各功能模块试运行,完成初步集成业务平台。

1.4.3　2014 年主要任务和考核指标

(1)主要任务

1)完善超级稻超高产栽培农业气象适宜性组合指标。

2)分析超级稻气候生产潜力的空间变化特征,指出影响超级稻生产的主要气候因子,提出利用气候资源的有效措施和增产途径,为超级稻品种布局提供依据。

3)基于超级稻超高产农业气象指标、气象灾害指标及区划指标小网格数据集,结合 GIS 技术,叠加土地利用信息,开展超级稻品种熟性搭配气候适宜性区划、超级稻气象灾害区划,并编制区划报告。

4)继续开展田间小区试验,验证超级稻气候资源优化利用技术。

5)进一步完善基于作物生长模拟模型的农业气象灾害监测预警模型。

6)通过业务化应用和示范,修正完善各农业气象技术;在业务示范应用中,改进、升级各功能模块,完善超级稻超高产栽培农业气象保障技术服务平台。

(2)考核指标

1)超级稻超高产栽培农业气象适宜性指标 1 套。

2)超级稻气候生产潜力的空间变化特征 1 套。

3)超级稻品种熟性搭配气候适宜性区划、超级稻气象灾害区划的区划图 1 套。

4)集成超级稻高产气候优化栽培技术 1 套,并建立示范基地 3 个,示范面积达到 3 000 亩,并向周边地区辐射,项目完成后辐射面积达到 100 万亩以上。

5)农业气象灾害监测预警模型 1 套。

6)提供升级完善后的超级稻超高产栽培农业气象保障技术服务平台;提交软件开发技术报告和使用手册;提交用户反馈意见报告和完善升级报告。

7)完成相关决策服务材料 1 篇。

1.5　组织方式和承担单位

1.5.1　组织方式

该研究项目以湖南省气象科学研究所为主持单位,以省部共建的气象防灾减灾湖南省重点开放实验室为核心,联合南京信息工程大学、湖南杂交水稻研究中心、江西省气象科学研究所、湖南省气候中心、湖南省气象培训中心(长沙农业气象试验站)等单位进行联合攻关,此外,南昌农业气象试验站、韶关市农业科学研究所、柳州农业气象试验站参与本区域内的分期播种田间试验工作。

项目协调领导小组由湖南省气象局主管领导与相关处室主要领导同志组成,主要负责项目的组织协调等领导工作。专家顾问组以项目承担单位与协作单位的技术骨干为主,负责项目的组织实施。项目管理办公室由项目承担单位的有关领导牵头,相关科室管理人员参加,负责项目的组织协调与检查督促。

1.5.2 承担单位与主要研究人员

（1）项目承担单位

湖南省气象科学研究所承担，由气象防灾减灾湖南省重点实验室具体组织实施。主要参与该项目研究的单位还有南京信息工程大学、湖南杂交水稻研究中心、江西省气象科学研究所、湖南省气候中心、长沙农业气象试验站等。此外，南昌农业气象试验站、韶关市农业科学研究所、柳州市农业气象试验站参与本区域内的分期播种田间试验工作。

（2）项目专家组

项目组长 2012—2013 年为蔡荣辉，2014—2015 年为刘富来。项目专家组成员有湖南省气象科学研究所的陆魁东、帅细强、黄晚华、隋兵；南京信息工程大学的江晓东；江西省气象科学研究所的李迎春；湖南省气候中心的廖玉芳；长沙农业气象试验站的宋忠华；湖南杂交水稻研究中心的龙继锐等。

（3）主要参与人员

湖南省气象科学研究所作为项目主持单位，项目组长为蔡荣辉、刘富来，主要负责项目的具体实施，参加人员有陆魁东、帅细强、黄晚华、隋兵、谢佰承、张超等。

湖南省气象培训中心（长沙农业气象试验站）主要参加人员有宋忠华、宁金花、周玉等。宋忠华主要承担田间试验和有关分析工作，宁金花负责分析工作，周玉负责方案的落实。

江西省气象科学研究所主要参加人员有李迎春、张金恩、姚俊萌、杨蓉、辜晓青、田俊。李迎春负责方案的落实和技术把关工作，张金恩、姚俊萌负责分期播种气候分析，辜晓青、田俊负责人工控制试验资料分析。

南京信息工程大学主要参加人员有江晓东、杨沈斌。江晓东负责技术把关和气候生产潜力分析，杨沈斌负责图形制作。

湖南省气候中心主要参加人员有杜东升、廖玉芳等。廖玉芳负责精细化区划技术把关工作，杜东升负责分析和图形制作工作。

湖南杂交水稻研究中心主要参加人员有龙继锐、马国辉。龙继锐主要负责密度、肥料耦合试验与分析工作，马国辉负责技术把关工作。

1.6　主要研究成果

该项目经过两年的田间试验、辅助人工控制试验和三年的分析研究工作，经项目组成员的通力合作，取得了如下的研究成果：

（1）获取了可靠的田间试验资料和人工控制试验资料。2012—2013 年分别在长沙、南昌开展了双季超级早稻、双季超级晚稻四期田间分期播种试验，在柳州、韶关开展了三期分期播种试验。此外，还在长沙、南昌针对超级稻关键生育期开展了不同温度界限的人工控制试验，获取了大量可靠的原始数据，为超级稻超高产气候分析奠定了基础。

（2）建立了超级稻关键生育期气象指标和定量模型。利用分期播种试验资料和人工控制试验资料，采用数理统计方法，获取了双季超级早稻分蘖期最适温度、最低温度和最高温度，建立了双季超级早稻灌浆成熟期籽粒重、灌浆速率与温光条件之间的定量模型，建立了超级晚稻产量构成与温光因子的关系模型。

(3)开展了基于 ORYZA2000 模型的低温灾害预警。引进了国际上先进的 ORYZA2000 水稻生长模型,利用超级稻试验资料,针对超级稻播种育秧期、返青分蘖期、抽穗开花期、灌浆成熟期的低温、高温等农业气象灾害,建立了基于作物生长模拟模型的农业气象灾害监测预警模型,应用天气预报产品,并结合超级稻关键生育期气候适应性指标,实现了对超级稻关键生育期的农业气象灾害监测预警。

(4)开展了超级稻超高产农业气候精细化区划。利用分期播种田间试验结果和前人相关研究成果作为区划指标,以 1981—2010 年地面气象要素资料及地理高程资料,针对不同气象要素选择最佳的空间插值方案进行小网格推算,结合 GIS 技术,采用等级划分法、权重法等方法,开展了超级稻品种熟性搭配气候适宜性区划、气象灾害风险区划等研究工作。

(5)开展了超级稻超高产农业生产潜力研究。利用超级稻特征参数和相应的气象要素数据、农业气象观测资料、基础地理数据,采用光温逐级订正法,计算了湖南省和江西省双季稻区超级早稻及超级晚稻的生产潜力,并通过生产潜力与实际产量之间的差异,分析了两省超级稻的增产潜力。

(6)提出了双季超级稻最佳密度和施肥量。根据试验结果,提出了双季超级稻密度和施肥量耦合模型,通过提高移植密度,减少氮肥用量,既能大幅度增加有效穗来实现高产,又能显著提高氮素利用率。即:双季早稻以施纯氮 10.0 kg/亩、栽插 2.0 万穴/亩时产量最佳;双季晚稻以施纯氮 9.0 kg/亩、栽插 1.7 万穴/亩时产量最高。

(7)超级稻推广应用。该项目边研究边进行推广应用,2013—2014 年两年间,分别在江西省南昌县及湖南省临澧县、澧县、桃源县、石门县、长沙县、醴陵市、宁乡县、汉寿县、祁东县共计 10 个市(县)示范片进行了超级稻气候适宜性和防灾减灾示范推广,累计推广面积达 7 万 hm² 以上。

第 2 章　　地理分期播种试验

为探索双季超级稻栽培中超高产形成的气候机理和不同气候生态区产量差异形成原因，分别在长沙、南昌、柳州、韶关四个不同气候生态区内开展了地理分期播种试验，试验品种为当地种植的主导品种，其中：双季早稻，长沙、南昌设置 4 个播期，柳州、韶关分别设置 3 个播期；双季晚稻，长沙设置 4 个播期，南昌设置 5 个播期，柳州、韶关分别设置 3 个播期。通过对 2012 和 2013 年地理分期播种试验资料分析，明确了超级稻全生育期和关键生育期适宜的温、光、水等综合因子指标和不利的气象灾害指标，可为超级稻的大面积推广提供保障。

2.1　长沙分期播种结果分析

2.1.1　试验基本情况

（1）试验地点

试验地点位于湖南省长沙市长沙县春华镇（站点位置：113°05′E,28°12′N；海拔高度：66.1 m），属亚热带季风性湿润气候，热量资源丰富，降水充沛，是南方典型的双季稻栽培区。

（2）试验设计与材料

早稻：供试品种为超级稻淦鑫 203（国审稻 2009009），该品种属籼型三系杂交稻。在长江中下游作双季早稻种植，全生育期平均 114.4 d。2012 和 2013 年每年分别进行 4 个播期的分期播种试验，播种期间隔天数根据当年的天气而定。因试验品种、方法、地点相同，为使分析结论更具有说服力和代表性，在部分数据分析时采用了另一项目 2011 年的分期播种数据。播种期见表 2.1。

表 2.1　双季超级早稻分期播种时间

年份	第 1 播期（月/日）	第 2 播期（月/日）	第 3 播期（月/日）	第 4 播期（月/日）
2011	3/9	3/15	3/21	4/5
2012	3/14	3/25	4/2	4/16
2013	3/13	3/19	3/30	4/4

晚稻：供试品种为超级稻岳优 6135（湘审稻 2005037），该品种属三系迟熟杂交晚籼组合，在湖南省作双季晚稻栽培，全生育期 119 d 左右。株高 97 cm 左右，株型松紧适中，茎秆坚韧，耐肥抗倒伏，叶色淡绿，剑叶直立，叶鞘无色，后期落色好。该项目于 2012—2013 年连续两年进行分期播种试验。因试验品种、方法、地点相同，为使试验数据更具有说服力和代表性，在部分数据分析时采用了另一项目 2011 年的分期播种数据。播种期见表 2.2。

早、晚稻试验每一期设 4 个重复小区，每个小区的面积为 6 m×7 m＝42 m²。试验小区的稻田病虫害防治和水肥等田间管理与当地稻区一致。

表 2.2　双季超级晚稻分期播种时间

年份	第 1 播期（月／日）	第 2 播期（月／日）	第 3 播期（月／日）	第 4 播期（月／日）
2011	6/14	6/27	7/13	7/21
2012	6/18	6/27	7/4	7/9
2013	6/15	6/21	6/30	7/8

（3）观测项目

按照《农业气象观测规范》[1]，进行播种、移栽、抽穗、成熟等主要生育期，以及生长状况、生长量、产量结构的观测、记载。其中，超级早、晚稻成熟期产量结构的测定主要包括每穗总粒数、每穗实粒数、空壳率、秕谷率、千粒重、生物学产量、经济学产量等产量结构因子。

（4）数据分析

数据整理、分析及简单图表绘制是在 Excel 2010 与 DPS 数据处理系统中进行。统计分析中使用的气象数据分别是早、晚稻全生育期间逐日平均气温、日照时数等数据，积温是双季超级早稻生长时期内日平均气温≥10 ℃的活动积温。

2.1.2　双季超级早稻气象条件分析

（1）双季超级早稻产量结构分析

表 2.3 列出了长沙 2012—2013 年双季超级早稻分期播种试验的产量结构数据，从表中的数据可知，不同年份、不同播期产量结构之间存在一定差异。从两年的产量结构数据可见，除千粒重 2012 年优于 2013 年以外，其他产量结构因子 2012 年的均弱于 2013 年的。两年中均以第 1 和第 2 播期的千粒重为最高，且随着播期的推迟千粒重呈下降趋势。

表 2.3　2012—2013 年长沙地区双季超级早稻产量结构表

年份	播期	穗粒数 （粒）	穗结实粒数 （粒）	结实率 （%）	空壳率 （%）	秕谷率 （%）	籽粒与 茎秆比	千粒重 （g）	1 m² 产量 （g）
2012	1	80.5	79.9	79.5	14.5	6.0	1.5	27.7	551.7
	2	81.6	62.6	76.7	16.3	7.0	1.2	27.3	519.6
	3	90.3	72.0	79.7	14.3	6.0	1.1	26.6	565.0
	4	88.2	73.0	82.8	9.2	8.0	1.4	25.6	549.0
平均		85.2	71.9	79.7	13.6	6.8	1.3	26.8	546.3
2013	1	93.2	81.5	87.4	10.6	3.0	2.0	25.4	602.5
	2	84.2	71.1	84.4	11.6	4.0	1.9	25.5	574.5
	3	100.5	80.2	79.8	16.2	4.0	1.2	23.6	566.2
	4	87.9	69.4	79.0	15.0	6.0	1.0	23.3	541.2
平均		91.5	75.6	82.7	13.4	4.3	1.5	24.4	571.1

同一年份、不同播期之间差异明显，特别是第 1 播期与第 4 播期。差异主要表现在穗结实粒数、千粒重、1 m² 产量等方面。2012 年和 2013 年，第 4 播期比第 1 播期穗结实粒数分别低 6.9 和 12.1 粒，千粒重均低 2.1 g，1 m² 产量分别低 2.7 和 61.3 g。2013 年，结实率、籽粒重与茎秆重比（以下简称"籽粒与茎秆比"）、1 m² 产量均随着播期的推迟呈减少趋势，穗结实粒

数除第 2 播期外也有类似规律,空壳率、秕谷率随着播期的推迟呈增加趋势。2012 年除千粒重外,其他产量结构的规律不明显。

2012 年第 1 和第 3 播期 1 m² 产量较高,2013 年是第 1 和第 2 播期。结合不同年份的播期时间安排可知,长沙地区双季超级早稻淦鑫 203 较适宜播期是 3 月中下旬。

(2)双季超级早稻高产气象条件分析

2012—2013 年长沙地区超级早稻淦鑫 203 不同播期的主要生育期的积温与日照条件见表 2.4 和表 2.5。由两表中的温光数据可知,不同年份、相同播期之间,淦鑫 203 全生育期积温 2012 年高于 2013 年,而日照时数 2012 年却少于 2013 年。同一年份、不同播期之间积温随着播期推迟呈减少趋势,2013 年除第 1 播期外也有类似规律,而日照时数没有明显规律。不同生育期的温光条件,不同年份、不同播期之间的规律不明显。

表 2.4　2012—2013 年长沙地区淦鑫 203 不同生育期的积温数据　　　　单位:℃·d

年份	播期	播种—出苗	出苗—三叶	三叶—移栽	移栽—返青	返青—分蘖	分蘖—拔节	拔节—孕穗	孕穗—抽穗	抽穗—乳熟	乳熟—成熟	全生育期
2012	1	136.9	308.1	30.8	105.3	354.7	550.9	437.8	145.0	444.1	285.7	2 799.3
	2	166.6	275.0	127.0	88.8	239.4	605.5	358.5	222.6	408.2	265.1	2 756.7
	3	67.2	248.4	260.0	94.7	190.2	573.5	340.5	250.3	354.1	232.0	2 610.9
	4	75.0	217.9	369.7	148.4	169.6	380.5	454.3	224.6	418.5	184.9	2 643.4
平均		111.4	262.4	196.9	109.3	238.5	527.6	397.8	210.6	406.2	241.9	2 702.6
2013	1	75.9	278.7	93.6	66.0	405.6	328.7	267.9	241.5	541.4	183.7	2 483.0
	2	90.3	265.3	144.8	114.3	363.6	299.8	314.1	204.2	488.4	245.3	2 530.1
	3	106.2	242.8	170.2	100.2	241.9	326.8	389.0	183.1	334.5	308.5	2 403.2
	4	84.8	268.3	164.5	86.9	328.7	219.8	373.3	240.9	278.8	370.5	2 416.5
平均		89.3	263.9	143.3	91.9	335.0	293.8	336.1	217.4	410.6	277.0	2 458.2

表 2.5　2012—2013 年长沙地区淦鑫 203 不同生育期的日照时数数据　　　　单位:h

年份	播期	播种—出苗	出苗—三叶	三叶—移栽	移栽—返青	返青—分蘖	分蘖—拔节	拔节—孕穗	孕穗—抽穗	抽穗—乳熟	乳熟—成熟	全生育期
2012	1	41.3	66.4	4.9	10.5	88.1	66.1	44.8	38.5	127.4	80.9	568.9
	2	65.2	27.3	36.3	32.5	30.5	62.6	55.5	48.4	139.5	43.5	541.3
	3	15.0	22.0	69.5	18.6	16.5	59.5	75.6	44.6	132.9	31.6	485.8
	4	6.8	68.8	42.1	40.7	5.6	27.8	106.3	84.2	90.7	56.4	529.4
平均		32.1	46.1	38.2	25.6	35.2	54.0	70.6	53.9	122.6	53.1	531.4
2013	1	14.9	66.4	25.6	26.9	61.2	87.8	67.8	65.4	162.5	69.8	648.7
	2	24.4	64.6	47.3	23.6	63.4	78.6	64.6	81.8	142.0	95.8	686.1
	3	10.3	79.4	30.6	11.5	45.2	89.8	109.6	72.0	82.5	121.0	651.6
	4	31.9	69.7	28.9	2.4	87.8	51.3	115.5	81.9	73.3	142.7	685.4
平均		20.4	70.1	33.0	16.1	64.4	76.9	89.3	75.3	115.1	107.3	668.0

结合表 2.3 中的产量结构分析可知,2013 年的产量结构优于 2012 年,而温光因子,特别是积温条件并不是如此。由此可知,并不是温光条件越好,产量结构相对越好,产量是积温、日照以及其他气象因子和环境因子综合影响的结果。结合不同年份、不同播期产量可知,淦鑫

203 在长沙地区获得优质高产的较适宜温光条件是:全生育期活动积温约为 2 500 ℃ · d,日照时数平均约为 650 h。

(3)双季超级早稻灌浆特性气象条件分析

由前文双季超级早稻高产气象条件分析可知,超级双季早、晚稻获得高产、稳产的气象条件不仅仅是由全生育期的温光条件决定的,还包括关键生育期的温光条件,特别是灌浆期间的温光条件。所以,有必要对灌浆期间的温光条件与灌浆特征值(千粒重、灌浆速率)的关系或与产量结构因子的关系进行探讨。在分析灌浆期温光因子与灌浆特征值及产量结构因子关系时,为了使数据更丰富、结果更准确、更具有说服力,本节的分析采用了另一项目中的试验数据,受试品种、试验方法、管理措施等均与该项目相同。其中,2011 年早稻的第 4 播期因播期与温光等环境因子原因没有达到成熟收获的条件,所以没有产量结构数据。所以,在进行数据分析时仅用了 3 个播期的数据。

(4)双季超级早稻灌浆特性与温光条件的关系

利用早稻抽穗普遍期至取样期间的逐日平均气温、逐日最高(低)气温、逐日气温日较差(日极端最高气温与日极端最低气温的差)之和计算活动积温、最高(低)气温累积、气温日较差累积值。使用 Excel 2010、SPSS 20.0、DPS 数据处理系统进行数据统计、分析和图表制作。各处理抽穗普遍期至成熟期产量性状和不同年份、不同播期的温光条件见表 2.6。

表 2.6 2011—2013 年淦鑫 203 分期播种产量性状和各播期的温光条件

年份	播期	灌浆天数 (d)	穗结实粒数(粒)	结实率 (%)	空壳率 (%)	秕谷率 (%)	千粒重 (g)	积温 (℃ · d)	最高气温累积 (℃ · d)	日照时数 (h)	最低气温累积 (℃ · d)
2011	1	22	70.6	75.0	10.0	15.0	26.7	642.7	744.1	172.9	566.8
	2	24	70.6	74.0	13.0	13.0	27.0	723.2	835.6	163.7	640.0
	3	25	80.4	87.0	5.0	8.0	27.1	721.7	835.5	174.9	635.0
2012	1	24	79.9	79.5	14.5	6.0	27.7	729.8	836.4	208.3	642.0
	2	22	62.6	76.7	16.3	7.0	27.3	673.3	768.6	183.0	593.1
	3	19	72.0	79.7	14.3	6.0	26.6	586.1	662.6	164.5	516.6
	4	20	73.0	82.8	9.2	8.0	26.6	603.4	690.4	147.1	536.4
2013	1	25	81.5	87.4	10.6	3.0	25.4	759.8	875.8	210.7	667.2
	2	25	71.1	84.4	11.6	4.0	25.5	769.0	881.6	213.1	677.7
	3	22	80.2	79.8	16.2	4.0	23.6	674.4	774.5	187.0	592.9
	4	22	69.4	79.0	15.0	6.0	23.3	677.6	776.3	199.4	597.4

1)积温与灌浆特性

通过分析 2011—2013 年 3 a 共 11 个播期每 5 d 所测千粒重、灌浆速率与相应时段积温之间的关系得到,灌浆速率和千粒重均与始穗期至观测日的积温呈一元二次函数关系(见图 2.1),其对应方程分别为:

$$y_v = 3.5 \times 10^{-6} x_1^2 - 0.0063 x_1 + 2.9624 \qquad (r = 0.7735, p < 0.01) \qquad (2.1)$$
$$y_w = -4.2 \times 10^{-5} x_1^2 - 0.0588 x_1 + 0.4165 \qquad (r = 0.8866, p < 0.01) \qquad (2.2)$$

式中:y_v 为灌浆速率[g/(1000 粒 · d)];y_w 为千粒重(g);x_1 为始穗期至观测日的积温(℃ · d)。两个方程均通过了 0.01 水平的显著性检验,反映灌浆速率、千粒重随积温的动态变化过程。

　　进一步分析计算可知,千粒重随着积温的增加逐渐增加(见图2.1a),但从图2.1b中灌浆速率的变化趋势可知,千粒重增加速率逐渐降低。对一元二次方程求极值可知,当积温达到900 ℃·d时灌浆趋于停滞,当积温达到700 ℃·d时千粒重达到最大。说明该品种在积温接近800 ℃·d时,灌浆过程趋于完成,籽粒趋于饱满,籽粒充实度最理想。

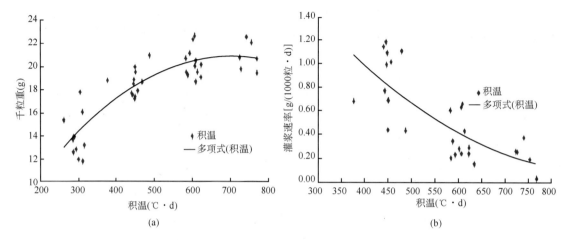

图2.1　千粒重和灌浆速率与积温的关系

　　2)其他温度要素

　　长江中下游水稻主产区早稻灌浆成熟期一般处于6—7月,此时段温度起伏变化快,最高气温可能成为制约早稻灌浆成熟的障碍因子。因此,除分析积温与灌浆特征值之间的关系外,还分析了最高气温及其他温度要素与灌浆速率、籽粒重之间的关联,对揭示双季超级早稻产量的形成同样具有一定意义。郑曼妮等[2]利用累积气温日较差等气候因子建立了与超级稻产量的关联,本书借鉴这一思路,建立了日最高气温累积值、日最低气温累积值、气温日较差累积值与灌浆特征值之间的回归方程,其中与灌浆速率的回归方程为:

$$y_v = 3.1 \times 10^{-6} x_2^2 - 0.0062 x_2 + 3.1833 \qquad (r = 0.7811, p < 0.01) \qquad (2.3)$$

$$y_v = 3.2 \times 10^{-5} x_3^2 - 0.0170 x_3 + 2.3906 \qquad (r = 0.7673, p < 0.01) \qquad (2.4)$$

$$y_v = 7.4 \times 10^{-5} x_4^2 - 0.0320 x_4 + 3.6432 \qquad (r = 0.8077, p < 0.01) \qquad (2.5)$$

　　与千粒重之间的回归方程为:

$$y_w = -3.2 \times 10^{-5} x_2^2 + 0.0513 x_2 + 0.2906 \qquad (r = 0.8865, p < 0.01) \qquad (2.6)$$

$$y_w = -5.4 \times 10^{-5} x_3^2 + 0.0660 x_3 + 0.5889 \qquad (r = 0.8836, p < 0.01) \qquad (2.7)$$

$$y_w = -6.0 \times 10^{-4} x_4^2 + 0.2115 x_4 + 0.5466 \qquad (r = 0.8810, p < 0.01) \qquad (2.8)$$

式中:y_v为灌浆速率[g/(1000粒·d)];y_w为千粒重(g);x_2为始穗期至观测日的日最高气温累积值(℃·d);x_3为始穗期起至观测日的日最低气温累积值(℃·d);x_4为始穗期至观测日的气温日较差累积值(℃·d)。方程均通过了0.01水平的显著性检验,反映灌浆速率、千粒重随日最高气温累积值、日最低气温累积值、气温日较差累积值的动态变化过程。

　　由式(2.3)至式(2.8)可知,日最高气温累积值、日最低气温累积值、气温日较差累积值与灌浆特征值之间的相关性均达到极显著相关。气温日较差累积值与灌浆速率的相关性最高,其次是日最高气温累积值,与日最低气温累积值的相关性最差。千粒重与积温的相关性最高,其次是日最高气温累积值,与气温日较差的相关性最低。说明,长江中下游双季早稻灌浆期充足的积温有利于早稻的灌浆,日最高气温可能成为超级早稻灌浆受阻的不利因素,较大的气温日较差,对超级早稻灌浆有利。

为得到超级早稻灌浆过程得以发挥的最佳温度指标,对回归方程进行极值求解,得到不同温度要素与灌浆特征值之间的拐点,即灌浆速率最小、籽粒重最大时的各温度指标要素值(见表2.7)。从表2.7可知,当温度指标达到理想状态时,超级早稻灌浆过程趋于结束,超级早稻的籽粒达最大值且趋于稳定状态,从理论上反映了超级早稻灌浆过程所需要的温度条件。

表 2.7　超级早稻籽粒最佳状态的温度要素理想值

温度要素	灌浆速率最小时	籽粒重最大时
活动积温(℃·d)	900.0	700.0
日最低气温累积值(℃·d)	1 000.0	801.6
气温日较差累积值(℃·d)	821.4	611.1

3)日照与灌浆特性

通过分析3 a各播期每5 d所测千粒重、灌浆速率与相应时段日照时数间的关系得到,日照时数与灌浆速率、千粒重呈一元二次函数关系(见图2.2),其对应方程分别为:

$$y_v = 3.2 \times 10^{-5} x_s^2 - 0.0170 x_s + 2.3906 \quad (r = 0.7148, p < 0.01) \quad (2.9)$$

$$y_w = -4.0 \times 10^{-4} x_s^2 + 0.1543 x_s + 4.4429 \quad (r = 0.8307, p < 0.01) \quad (2.10)$$

式中:y_v为灌浆速率[g/(1000 粒·d)];y_w为千粒重(g);x_s为抽穗普遍期至观测日的日照时数(h)。两个方程均通过了0.01水平的显著性检验,反映灌浆速率、千粒重随日照时数的动态变化过程。

进一步分析计算可知,千粒重随着日照时数的增加而逐渐增加,达到最大值后又逐渐减小(见图2.2a),而灌浆速率随着日照时数的增加而逐渐降低(见图2.2b),即千粒重的增加速率逐渐降低;当日照时数达到265.6 h时灌浆趋于停滞,日照时数达到192.9 h时千粒重达到最大。说明该品种在日照时数接近230.0 h时,灌浆过程趋于完成,籽粒趋于饱满,籽粒充实度最理想。

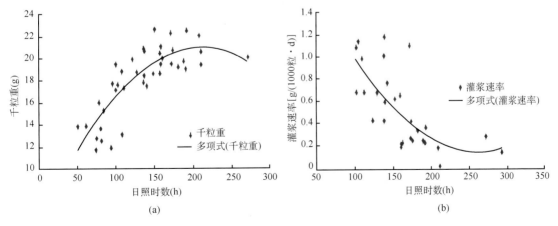

图2.2　千粒重和灌浆速率与日照时数的关系

由实际生产中各处理成熟期产量性状和不同播期的温光条件可知,日照时数相对较充足的播期,结实率相对较高。但 3 a 共 11 个播期中有 4 个播期的日照时数达到了千粒重最大值所需的日照时数,其他均没有达到。由此可见,长江中下游地区双季超级早稻灌浆期的日照条件是制约该地区超级稻灌浆的又一重要气象因子。

4)灌浆速率与温光组合的关系

双季超级早稻的灌浆过程往往受多种气象因子的综合影响。因此,本书建立灌浆速率与各温度要素和日照时数之间的关系模型,分别为:

$$y_v = 1.12 \times 10^{-5} x_1^2 + 4.09 \times 10^{-5} x_s^2 - 4.60 \times 10^{-5} x_1 x_s - 6.74 \times 10^{-3} x_1 + 9.05 \times 10^{-3} x_s + 2.39 \quad (R = 0.7980, p < 0.01) \tag{2.11}$$

$$y_v = 8.93 \times 10^{-6} x_2^2 + 3.74 \times 10^{-5} x_s^2 - 3.99 \times 10^{-5} x_2 x_s - 6.60 \times 10^{-3} x_2 + 1.03 \times 10^{-2} x_s + 2.54 \quad (R = 0.8048, p < 0.01) \tag{2.12}$$

$$y_v = 1.38 \times 10^{-5} x_3^2 + 4.13 \times 10^{-5} x_s^2 - 5.10 \times 10^{-5} x_3 x_s - 7.07 \times 10^{-3} x_3 + 7.95 \times 10^{-3} x_s + 2.33 \quad (R = 0.7978, p < 0.01) \tag{2.13}$$

$$y_v = 2.20 \times 10^{-7} x_4^2 + 1.88 \times 10^{-5} x_s^2 - 1.88 \times 10^{-4} x_4 x_s - 4.67 \times 10^{-2} x_4 + 2.20 \times 10^{-2} x_s + 3.10 \quad (R = 0.8320, p < 0.01) \tag{2.14}$$

式中:y_v 为灌浆速率[g/(1000 粒·d)];x_1 为抽穗普遍期至观测日的积温(℃·d);x_2 为日最高气温累积值(℃·d);x_3 为日最低气温累积值(℃·d);x_4 为气温日较差的累积值(℃·d);x_s 为抽穗普遍期至测定灌浆速率当天的日照时数(h)。方程均通过了 0.01 水平的显著性检验,且灌浆速率与气温日较差累积值和日照时数组合相关性最好,其次是日最高气温累积值与日照时数组合。由此可知,超级早稻灌浆期较大的气温日较差有利于早稻的灌浆,日最高气温和日照是影响其灌浆速率特性的明显因素。

5)千粒重与温光组合的关系

同理,建立千粒重与不同温度要素和日照时数之间的关系模型,关系方程分别为:

$$y_w = 9.02 \times 10^{-6} x_1^2 + 1.70 \times 10^{-4} x_s^2 - 2.40 \times 10^{-4} x_1 x_s + 4.17 \times 10^{-2} x_1 + 6.89 \times 10^{-2} x_s - 0.0639 \quad (R = 0.8920, p < 0.01) \tag{2.15}$$

$$y_w = 5.29 \times 10^{-6} x_2^2 + 1.59 \times 10^{-4} x_s^2 - 2.00 \times 10^{-4} x_2 x_s + 3.69 \times 10^{-2} x_2 + 6.69 \times 10^{-2} x_s - 0.1845 \quad (R = 0.8916, p < 0.01) \tag{2.16}$$

$$y_w = 1.10 \times 10^{-5} x_3^2 + 1.30 \times 10^{-4} x_s^2 - 2.58 \times 10^{-4} x_3 x_s + 4.43 \times 10^{-2} x_3 + 7.82 \times 10^{-2} x_s - 0.072 \quad (R = 0.8908, p < 0.01) \tag{2.17}$$

$$y_w = 1.15 \times 10^{-4} x_4^2 + 2.56 \times 10^{-4} x_s^2 - 9.63 \times 10^{-4} x_4 x_s + 0.18 x_4 + 0.042 \times 10^{-2} x_s - 0.129 \quad (R = 0.8867, p < 0.01) \tag{2.18}$$

式中:y_w 为千粒重(g);x_1 为抽穗普遍期至观测日的积温(℃·d);x_2 为日最高气温累积值(℃·d);x_3 为日最低气温累积值(℃·d);x_4 为气温日较差累积值(℃·d);x_s 为抽穗普遍期至测定灌浆速率当天的日照时数(h)。方程均通过了 0.01 水平的显著性检验,且千粒重与积温和日照时数组合的相关性最好,其次是日最高气温累积值和日照时数组合。由此可知,双季超级早稻灌浆期间积温、日最高气温累积值与日照时数的组合是影响千粒重形成的最重要的温光因子组合。

根据温光组合与灌浆特征值(灌浆速率、千粒重)关系模型及复相关系数的大小可知，双季超级早稻灌浆期间不同的温光组合对千粒重的影响明显大于对灌浆速率的影响。不同的温光组合中，日最高气温累积值和日照时数的组合与灌浆特征值间的关系最好。由此可知，在双季超级早稻灌浆期间，日最高气温和日照时数是限制其灌浆特性良好发挥的最重要的因素。

根据灌浆速率、千粒重与温度和光照之间的关系模型分析，得出不同灌浆特征值最佳时的理论温光组合(见表 2.8)。当温光条件满足组合 I 时，灌浆速率趋于停滞;当温光条件满足组合 II 时，千粒重达到最大。结合表 2.8 中各处理成熟期产量性状数据，3 a 共计 11 个播期中均为第 1 和第 2 播期的温光条件与理论温光组合差距最小，千粒重较大。其他播期的温光条件均表现出较大程度的不足，特别是日照时数。由此可知，在长沙甚至整个长江中下游地区双季超级早稻播种不宜太迟，以 3 月中旬至下旬中期较合适。

表 2.8　双季超级早稻最佳灌浆特征的理论温光组合指标

气象要素	灌浆速率[(g/1000 粒·d)]	千粒重(g)
	温光组合 I	温光组合 II
活动积温(℃·d)	900.0	700.0
日最高气温累积值(℃·d)	1 000.0	801.6
气温日较差累积值(℃·d)	821.4	611.1
日照时数(h)	216.2	176.3

2.1.3　双季超级晚稻气象条件分析

(1)双季超级晚稻产量结构分析

2012—2013 年长沙地区不同播期的晚稻产量结构数据见表 2.9，由表 2.9 中的数据可知，同一品种超级稻的不同的产量结构因子在不同年份、不同播期间的表现存在差异。就不同年份而言，总体上 2012 年的结实率、空壳率、秕谷率、千粒重均弱于 2013 年，而穗粒数、穗结实粒数、

表 2.9　2012—2013 年长沙地区双季超级晚稻产量结构表

年份	播期	穗粒数(粒)	穗结实粒数(粒)	结实率(%)	空壳率(%)	秕谷率(%)	籽粒与茎秆比	千粒重(g)	1 m² 产量(g)
2012	1	142.0	113.0	77.3	17.3	5.4	1.1	25.4	875.4
	2	178.0	143.0	57.2	39.0	3.8	0.7	25.5	757.8
	3	166.0	133.0	57.3	40.3	2.5	0.6	23.6	712.8
	4	140.0	112.0	56.9	36.8	6.3	0.7	23.3	469.0
	平均	156.5	125.3	62.2	33.4	4.5	0.8	24.5	703.8
2013	1	164.6	103.6	63.0	34.0	3.0	0.9	27.4	469.0
	2	148.2	133.1	90.0	9.0	1.0	1.2	24.2	681.6
	3	144.2	127.4	89.0	8.0	3.0	1.2	24.2	637.8
	4	139.0	111.6	80.0	15.0	5.0	0.9	23.9	625.3
	平均	149.0	118.9	80.5	16.5	3.0	1.1	24.9	603.4

1 m²产量 2012 年优于 2013 年。就两年的产量结构而言,除个别播期外,2012 年的穗粒数、结实率、籽粒与茎秆比、千粒重、1 m²产量随着播期的推迟大致呈减少趋势。2013 年除个别播期外也有相同的规律。空壳率、秕谷率,在 2012 年规律不明显,在 2013 年除第 1 播期外,有随着播期推迟而增加的趋势。

同一年份不同播期之间,差异明显,总体而言,播期越迟,产量结构相对越差。第 4 播期与第 1 和第 2 播期差异最明显,主要表现在结实率、千粒重、1 m²产量等方面。2012 年,第 4 播期比第 1 播期的结实率低 20.4 个百分点,千粒重低 2.1 g,1 m²产量低 406.4 g。2013 年,第 4 播期比第 2 播期的穗结实粒数低 21.5 粒,结实率低 10.0 个百分点,1 m²产量低 56.3 g。

同一播期不同年份之间,除第 1 播期以外,相同播期间 1 m²产量的差距随着播期的推迟而呈增加趋势。2012 年第 1 和第 2 播期的产量较高,2013 年是第 2 和第 3 播期的产量较高。综合同一品种超级稻连续两年不同播期的产量结构及不同播期的播种日期可知,长沙地区双季超级晚稻岳优 6135 的适宜播种期为 6 月中下旬。

(2)双季超级晚稻高产气候条件分析

长沙地区岳优 6135 在 2012—2013 年不同播期、不同生育期的积温和日照时数分别见表 2.10 和表 2.11。由两表中的温光数据可知,不同年份、相同播期之间,全生育期的积温与日照条件 2013 年均优于 2012 年。但不同生育期的积温与日照条件没有类似规律。相同年份、不同播期之间,全生育期的积温与日照时数均随着播期的推迟而呈减少趋势,乳熟—成熟期的积温与日照时数也有类似规律,其他生育期规律不明显。

结合表 2.9 中晚稻的产量结构数据可知,2012 年的前 3 个播期的 1 m²产量均优于 2013 年。但积温与日照条件却均弱于 2013 年,由此可知,全生育期的积温与日照时数多少并不能决定产量的高低。晚稻的产量是由多个因素综合决定的,其中包括关键生育期的温光条件、管理措施等。结合温光数据及产量结构数据可知,双季超级晚稻岳优 6135 在长沙地区获得高产的较适宜温光条件为:全生育期活动积温约 3 200 ℃·d,日照时数约 900 h。

表 2.10　2012—2013 年长沙地区双季超级晚稻不同生育期的积温数据　　　　单位:℃·d

年份	播期	播种—出苗	出苗—三叶	三叶—移栽	移栽—返青	返青—分蘖	分蘖—拔节	拔节—孕穗	孕穗—抽穗	抽穗—乳熟	乳熟—成熟	全生育期
2012	1	116.1	224.9	477.8	77.1	211.7	571.5	312.6	307.7	602.9	334.1	3 236.4
	2	90.7	224.6	542.0	155.9	181.5	448.9	595.8	204.8	397.3	339.7	3 181.2
	3	130.4	132.5	532.9	64.4	117.1	546.7	498.0	248.0	641.7	157.1	3 068.8
	4	132.8	220.5	460.9	89.4	87.1	507.6	448.6	278.2	629.5	97.1	2 951.7
平均		117.5	200.6	503.4	96.7	149.4	518.7	463.8	259.7	567.9	232.0	3 109.5
2013	1	96.4	156.1	677.1	126.7	163.2	537.6	467.2	267.5	656.2	377.2	3 525.2
	2	92.6	195.9	576.5	96.0	300.5	629.7	409.3	255.1	540.5	358.5	3 454.6
	3	94.8	191.9	551.2	98.7	234.5	576.9	452.3	245.7	513.3	315.0	3 274.3
	4	96.6	193.5	527.4	98.4	242.6	455.6	458.9	262.0	518.9	258.0	3 111.9
平均		95.1	184.4	583.1	105.0	235.2	550.0	446.9	257.6	557.2	327.2	3 341.5

表 2.11　2012—2013 年长沙地区岳优 6135 不同生育期的日照时数数据　　　　单位:h

年份	播期	播种—出苗	出苗—三叶	三叶—移栽	移栽—返青	返青—分蘖	分蘖—拔节	拔节—孕穗	孕穗—抽穗	抽穗—乳熟	乳熟—成熟	全生育期
2012	1	31.0	47.4	153.0	0.0	59.7	155.2	71.5	87.6	140.5	54.8	800.7
	2	26.4	84.2	128.5	53.8	45.3	119.5	147.8	61.2	57.5	77.7	801.9
	3	49.5	47.0	122.3	20.2	25.1	127.6	139.7	61.2	120.9	30.2	743.7
	4	41.8	23.6	136.9	30.7	17.7	118.8	122.5	44.4	137.3	26.5	700.2
平均		37.2	50.6	135.2	26.2	37.0	130.3	120.4	63.6	114.1	47.3	761.6
2013	1	35.1	39.0	195.5	43.6	44.1	186.4	96.4	68.4	126.3	124.2	958.8
	2	20.6	32.8	198.4	20.0	108.0	185.7	81.2	25.7	156.5	74.9	904.2
	3	35.9	61.4	181.5	36.6	77.7	141.8	84.3	54.6	142.2	74.9	890.9
	4	37.5	65.2	174.5	30.7	84.5	84.7	79.6	68.2	146.3	44.1	815.6
平均		32.3	49.6	187.5	32.8	78.6	149.7	85.4	54.2	142.8	79.5	892.4

(3)双季超级晚稻灌浆期温光因子与产量结构的关系

1)不同播期产量差异

从表 2.12 可见,总体而言,同一年份,播期越晚,产量结构越差。结实率、穗结实粒数表现最明显,但也有特殊情况,如 2012 年第 1 播期较其他 3 个播期成穗率低,株成穗数少,第 2 播期较其他 3 个播期灌浆天数短,第 4 播期较其他 3 个播期穗结实粒数少;2013 年第 1 播期较其他 3 个播期灌浆天数长,空壳率高,穗结实粒数低,千粒重高,株成穗数少。

表 2.12　不同播期、不同年份之间的产量结构差异分析

年份	播期	生长期长度(d)	灌浆天数(d)	穗结实粒数(粒)	株成穗数(个)	成穗率(%)	结实率(%)	空壳率(%)	秕谷率(%)	千粒重(g)
2011	1	121	40	105.7	6.0	69.0	71.0	22.0	7.0	23.02
	2	121	43	101.1	6.2	67.0	68.0	18.0	14.0	23.08
	3	124	45	79.2	5.3	71.0	65.0	31.0	4.0	22.61
	4	123	38	48.6	2.1	42.0	35.0	62.0	3.0	18.59
平均		122.25± 0.75 a	41.50± 1.55 a	83.65± 13.04 b	4.90± 0.95 a	62.25± 6.80 a	59.75± 8.34 a	33.25± 9.96 a	7.00± 2.48 a	21.83± 1.08 b
2012	1	119	41	109.4	3.4	48.0	77.3	17.3	5.4	22.89
	2	120	35	102.0	5.2	68.3	57.2	39.0	3.8	23.63
	3	119	39	95.0	5.6	62.2	57.2	40.3	2.5	22.71
	4	117	36	79.4	5.2	61.8	56.9	36.8	6.3	22.80
平均		118.75± 0.63 a	37.75± 1.37 a	96.45± 6.40 ab	4.85± 0.49 a	60.08± 4.29 a	62.0± 5.05 a	33.35± 5.40 a	4.50± 0.84 a	23.01± 0.21 ab
2013	1	122	43	103.6	2.6	68.0	63.0	34.0	3.0	27.37
	2	123	39	133.1	3.4	61.0	90.0	9.0	1.0	24.16
	3	118	38	127.4	2.8	53.0	89.0	8.0	3.0	24.22
	4	115	38	111.6	3.1	67.0	80.0	15.0	5.0	23.89
平均		119.50± 1.85 a	39.50± 1.19 a	118.93± 6.84 a	2.98± 0.18 a	62.25± 3.45 a	80.50± 6.25 a	16.50± 6.03 a	3.00± 0.82 a	24.91± 0.82 a

注:表中 a,b,ab 表示同一产量因子不同年份间差异显著性情况,其中:a,b 表示差异显著;a,ab 及 b,ab 表示差异不显著

同一播期的产量结构年份间差异较大,主要表现在穗结实粒数、空壳率、秕谷率等方面。就结实率、空壳率而言,播期越迟,同一播期不同年份间的差异越大,即第4播期＞第3播期＞第2播期＞第1播期。第1播期的结实率最大差值为14.3个百分点,第4播期的最大差值为45个百分点。特别是2012年第4播期的空壳率、秕谷率与2011和2013年的相同播期的差别非常明显;2013年第4播期的空壳率和秕谷率是3 a同播期中最小的;2011年第4播期的空壳率是3 a中最高的,穗结实粒数是3 a中最低的。

从表2.10和表2.11可以看出,同一年份不同播期的积温、日照时数有所不同,随着播期的推迟,积温有减少的趋势,播期越晚,积温越少,而光照条件则差异不明显。同一播期的播种日期相差1 d,如2011年第1播期与2013年第1播期以及2012年第4播期与2013年第4播期(见表2.2),产量结构的差异也非常明显,特别是在结实率、空壳率、秕谷率方面。而积温与光照,2012年的第4播期与2013年的第4播期,积温相差109.8 ℃·d,日最高气温的累积值相差151.8 ℃·d,日照时数相差52.2 h。由此可见,同一品种、同一播期、同一播种时间、不同年份间温光等气象条件差异,是造成产量结构差异的原因之一。

另外,综合考虑不同年份相同播期间的产量结构以及积温和日照条件发现,播期越迟,则温光条件越相对不足,因此,合理选择播种期,充分利用气象条件对超级稻的高产很重要。结合不同播期的播种时间,长沙地区7月中旬以后不适宜播种,最佳播种期是6月中旬至7月上旬。

2)年份间的差异分析

分析不同年份之间的产量结构发现,不同年份之间的产量结构差异比较大。比较4个播期产量结构的平均值可知,2013年产量结构较2011和2012年好,平均穗结实粒数、千粒重最高,空壳率、秕谷率最低,2011年产量结构表现最差。灌浆天数2012年最短,仅有38 d,其次是2013年,灌浆天数为40 d。不同年份、不同播期之间的差异,2011年最明显,其次是2012年。同一年份、不同播期之间差异明显,而且随播期的推迟,不同播期之间穗结实粒数差异有增大的趋势。2011年第4播期产量结构之间差异最大,特别是第4播期与其他3个播期之间的差异,穗结实粒数最大相差57.1粒,空壳率最大相差44个百分点,成穗率最大相差29个百分点;2012和2013年播期间差异不明显。

从表2.13发现,水稻灌浆期间(抽穗至成熟),不同年份不同播期之间,2013年的积温和日照时数均与2012年存在显著差异。2013年平均积温最高,日照时数最多,产量结构最好;2012年平均积温最少,日照时数最少。相对不足的温光条件导致水稻灌浆天数短、产量结构差(见表2.12)。光合作用是作物产量形成的物质基础,水稻籽粒中60%～100%的碳水化合物主要来自灌浆期的光合作用,没有充足的光照,籽粒的灌浆受到限制,产量结构相对较差。另外,虽然2011年的平均温光条件不差,但播期之间的积温差异却是3 a中最大的一年,特别是第4播期的温光条件与其他3个播期相比,积温差异最大的为310.3 ℃·d。2012年的4个播期温光差异最小,积温差异最大为99.1 ℃·d,产量结构之间差异也较2011年小。由此可见,不同的温光条件是造成年份、播期之间差异的主要原因。

此外,2012年的平均灌浆天数较2011和2013年短,仅有38 d,而生长期天数相差不大。结合表2.12产量结构数据以及表2.13中的温光数据发现,除2011年的第4播期外,2012年4个播期的温光条件均较2011和2013年相同播期的温光条件差。另外,2011年第3和第4播期的播种时间相对2012和2013年的同播期晚,而产量结构表现较同等温光条件的要差。

同一播期(第 3 和第 4 播期),2013 年的产量结构表现最好,结实率最高,其次是 2012 年。除温光条件以及极端天气影响外,不太适宜的播期一定程度上加大了遭遇灾害性天气的概率。由此可推断在长沙地区或长江中下游地区 7 月中旬以后不太适宜进行晚稻的种植。

表 2.13 双季超级晚稻灌浆期间的气象要素

年份	播期	活动积温 (℃·d)	日最高气温累积值 (℃·d)	日最低气温累积值 (℃·d)	日照时数 (h)
2011	1	917.5	1 100.1	797.1	179.4
	2	878.6	1 073.8	744.5	167.9
	3	819.1	1 009.7	685.3	176.6
	4	607.2	761.5	496.0	149.9
2012	1	716.8	867.1	605.9	179.6
	2	643.5	768.2	556.7	114.0
	3	644.7	772.0	554.1	120.9
	4	617.7	757.3	520.8	136.3
2013	1	965.7	1 151.8	817.3	220.1
	2	925.5	1 132.4	761.9	238.6
	3	781.0	957.7	643.9	200.0
	4	727.5	909.1	590.0	188.5

(4)双季超级晚稻灌浆特性与温光条件的关系

利用抽穗普遍期至取样期间的逐日平均气温、逐日最高(低)气温、逐日气温日较差计算活动积温、最高(低)气温累积值、气温日较差累积值。使用 Excel 2010、SPSS 20.0、DPS 数据处理系统进行数据统计、分析和图表制作。各处理成熟期产量性状和不同年份、不同播期的温光条件见表 2.14。

表 2.14 双季超级晚稻不同播期的产量性状和温光条件

年份	播期	活动积温 (℃·d)	日最低气温累积值 (℃·d)	气温日较差累积值 (℃·d)	日照时数 (h)	灌浆天数 (d)	穗结实粒数 (粒)	结实率 (%)	空壳率 (%)	千粒重 (g)
2011	1	917.5	797.1	303.0	179.4	40	105.7	71.0	22.0	23.02
	2	878.6	744.5	329.3	167.9	43	101.1	68.0	18.0	23.08
	3	819.1	685.3	324.4	176.6	45	79.2	65.0	31.0	22.61
	4	607.2	496.0	265.5	149.9	38	48.6	35.0	62.0	18.59
2012	1	716.8	605.9	261.2	179.6	41	109.4	77.3	17.3	22.89
	2	643.5	556.7	211.5	114.0	35	102.0	57.2	39.0	23.63
	3	644.7	554.1	217.9	120.9	39	95.0	57.2	40.3	22.71
	4	617.7	520.8	236.5	136.3	36	79.4	56.9	36.8	22.80
2013	1	965.7	817.3	334.5	220.1	43	103.6	63.0	34.0	27.37
	2	925.5	761.9	370.5	238.6	39	133.1	90.0	9.0	24.16
	3	781.0	643.9	313.8	200.0	38	127.4	89.0	8.0	24.22
	4	727.5	590.0	319.1	188.5	38	111.6	80.0	15.0	23.89

1)双季超级晚稻灌浆特性与气温的关系

通过分析3 a共12个播期每5 d所测千粒重、灌浆速率与相应时段积温间的关系得到,灌浆速率和千粒重均与积温呈一元二次函数关系(见图2.3),其对应的方程分别为:

$$y_v = 1.6 \times 10^{-6} x_1^2 - 0.0031 x_1 + 1.6624 \quad (r = 0.8088, p < 0.01) \quad (2.19)$$

$$y_w = -2.8 \times 10^{-5} x_1^2 + 0.0501 x_1 - 3.928 \quad (r = 0.9280, p < 0.01) \quad (2.20)$$

式中:y_v为灌浆速率[g/(1000粒·d)];y_w为千粒重(g);x_1为始穗期至观测日的积温(℃·d)。两个方程均通过了0.01水平的显著性检验,反映灌浆速率、千粒重随积温的动态变化过程。

进一步分析计算可知,千粒重随着积温的增加而逐渐增加(见图2.3a),但灌浆速率逐渐降低(见图2.3b)。当积温达到968.8 ℃·d时灌浆趋于停滞,当积温达到894.6 ℃·d时千粒重达到最大。说明该品种在积温接近900 ℃·d时,灌浆过程趋于完成,籽粒趋于饱满,籽粒充实度最理想。

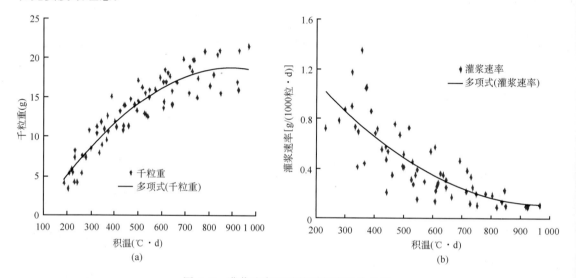

图 2.3 灌浆速率和千粒重与积温的关系

2)双季超级晚稻灌浆特性与其他温度要素的关系

长江中下游水稻主产区晚稻灌浆成熟期一般处于9月中旬,此时段日最高气温不会成为制约产量形成的障碍因子,而日最低气温则往往可能成为产量形成的不利因素。因此,对除日最高气温外的其他温度要素与灌浆速率、千粒重的关系进行探讨,对揭示双季超级晚稻产量形成同样具有一定意义。郑曼妮等[2]利用气温日较差累积值等气象因子建立了与超级稻产量的关联,本书借鉴这一思路,建立了日最低气温累积值、气温日较差累积值与灌浆特征值间的回归方程,其相关系数见表2.15。

表 2.15 双季超级晚稻灌浆速率、千粒重与温度要素的相关性

温度要素	灌浆速率	千粒重
日最低气温累积值	0.857 7*	0.919 4*
气温日较差累积值	0.900 9*	0.784 2*

注:* 表示 $p < 0.01$

由表 2.15 可知,日最低气温累积值、气温日较差累积值与灌浆特征值之间均达到极显著相关。气温日较差累积值与灌浆速率的相关性最高,其次是日最低气温累积值。千粒重与积温的相关性最好,其次是日最低气温累积值。说明长江中下游双季超级晚稻灌浆期日最低气温可能成为其灌浆受阻的不利因素,较大的气温日较差,对双季超级晚稻灌浆有利。

为得到双季超级晚稻灌浆过程得以发挥的最佳温度指标,对回归方程进行极值求解,得到不同温度要素与灌浆特征值之间的拐点,即灌浆速率最小、千粒重最大时的各温度指标要素值(见表 2.16)。从表可知,当温度指标达到理想状态时,超级稻灌浆过程趋于结束,千粒重达最大值且趋于稳定状态,从理论上反映了超级晚稻灌浆过程所需要的温度条件。

表 2.16　超级双季晚稻籽粒最佳状态的温度要素理论值

温度要素	灌浆速率最小时	千粒重最大时
活动积温(℃·d)	968.8	894.6
最低气温累积值(℃·d)	774.2	740.5
气温日较差累积值(℃·d)	375.0	513.0

3)灌浆特性与日照时数

通过分析 3 a 共 12 个播期每 5 d 所测千粒重、灌浆速率与相应时段日照时数间的关系得到,灌浆速率和千粒重均与日照时数呈一元二次函数关系,其对应方程分别为:

$$y_v = 1.4 \times 10^{-5} x_s^2 - 7.6 \times 10^{-3} x_s + 1.1416 \quad (r = 0.6395, p < 0.01) \quad (2.21)$$

$$y_w = -2.0 \times 10^{-4} x_s^2 + 0.1382 x_s + 1.7112 \quad (r = 0.8939, p < 0.01) \quad (2.22)$$

式中:y_v 为灌浆速率[g/(1000 粒·d)];y_w 为千粒重(g);x_s 为抽穗普遍期至观测日的日照时数(h)。两个方程均通过了 0.01 水平的显著性检验,反映灌浆速率、千粒重随日照时数的动态变化过程。

进一步分析计算可知,千粒重在一定范围内随着日照时数的增加逐渐增加(见图 2.4a),而灌浆速率随着日照时数的增加逐渐降低(见图 2.4b),即千粒重的增加速率逐渐降低。对一元二次方程求极值可知,当日照时数达到 271.4 h 时灌浆趋于停滞,日照时数达到 345.5 h 时千粒重达到最大。说明该品种在日照时数接近 300.0 h 时,灌浆过程趋于完成,籽粒趋于饱满,籽粒充实度最理想。

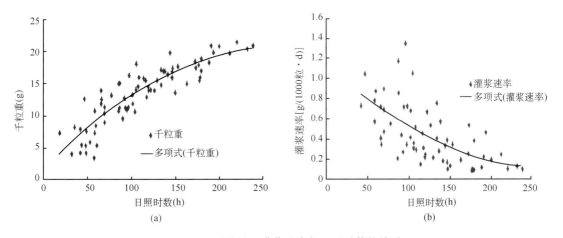

图 2.4　千粒重和灌浆速率与日照时数的关系

结合表 2.14 中各处理产量性状和不同播期的温光条件可知,日照时数相对较充足的播期,结实率相对较高。但 3 a 共 12 个播期的日照条件均没有达到模型中灌浆趋于停滞、千粒重达到最大值所需的日照时数。由此可见,长江中下游地区双季超级晚稻灌浆期的日照条件是制约该地区超级稻灌浆的又一重要气象因子。

4)灌浆速率与温光组合的关系

双季超级晚稻的灌浆过程往往受多种气象因子的综合影响。因此,本书建立灌浆速率与各温度要素和日照时数之间的关系模型,分别为:

$$y_v = 6.20 \times 10^{-6} x_1^2 + 5.46 \times 10^{-5} x_s^2 - 3.26 \times 10^{-5} x_1 x_s - 4.76 \times 10^{-3} x_1 + 6.64 \times 10^{-3} x_s + 1.70 \quad (R = 0.8271, p < 0.01) \tag{2.23}$$

$$y_v = 6.41 \times 10^{-6} x_2^2 + 2.22 \times 10^{-5} x_s^2 - 1.82 \times 10^{-6} x_2 x_s - 6.03 \times 10^{-3} x_2 + 4.27 \times 10^{-3} x_s + 2.00 \quad (R = 0.8649, p < 0.01) \tag{2.24}$$

$$y_v = 3.97 \times 10^{-5} x_3^2 + 5.12 \times 10^{-5} x_s^2 - 9.05 \times 10^{-5} x_3 x_s + 1.56 \times 10^{-2} x_3 - 1.74 \times 10^{-2} x_s + 1.56 \quad (R = 0.8533, p < 0.01) \tag{2.25}$$

式中:y_v 为灌浆速率[g/(1000 粒·d)];x_1 为抽穗普遍期至观测日的积温(℃·d);x_2 为日最低气温累积值(℃·d);x_3 为气温日较差累积值(℃·d);x_s 为抽穗普遍期至测定灌浆速率当天的日照时数(h)。方程均通过了 0.01 水平的显著性检验,且灌浆速率与日最低气温累积值和日照时数组合的相关性最好,其次是气温日较差累积值与日照时数组合。由此可知,双季超级晚稻灌浆期的日最低气温和日照时数是影响其灌浆速率特性的最明显因素,较大的气温日较差有利于超级晚稻的灌浆。

5)千粒重与温光组合的关系

同理,建立千粒重与不同温度要素和日照时数之间的关系模型,关系方程分别为:

$$y_w = -5.29 \times 10^{-5} x_1^2 + 1.09 \times 10^{-4} x_1 x_s + 5.73 \times 10^{-2} x_1 - 2.79 \times 10^{-2} x_s - 4.11 \quad (R = 0.9503, p < 0.01) \tag{2.26}$$

$$y_w = -6.13 \times 10^{-5} x_2^2 + 7.94 \times 10^{-5} x_2 x_s + 6.08 \times 10^{-2} x_2 + 9.98 \times 10^{-4} x_s - 4.31 \quad (R = 0.9505, p < 0.01) \tag{2.27}$$

$$y_w = 1.59 \times 10^{-4} x_3^2 - 3.97 \times 10^{-4} x_s^2 + 2.94 \times 10^{-4} x_3 x_s - 0.057 x_3 + 0.145 x_s - 0.434 \quad (R = 0.9195, p < 0.01) \tag{2.28}$$

式中:y_w 为千粒重(g);x_1 为抽穗普遍期至观测日的积温(℃·d);x_2 为日最低气温累积值(℃·d);x_3 为气温日较差累积值(℃·d);x_s 为抽穗普遍期至测定灌浆速率当天的日照时数(h)。方程均通过了 0.01 水平的显著性检验,且千粒重与日最低气温累积值和日照时数组合的相关性最好,其次是积温和日照时数组合。由此可知,双季超级晚稻灌浆期间日最低气温和日照是影响千粒重形成的最重要的温光因子组合。

根据温光组合与灌浆特征值(灌浆速率、千粒重)关系模型及复相关系数的大小可知,双季超级晚稻灌浆期间的温光条件对千粒重的影响明显大于对灌浆速率的影响。不同的温光组合中,日最低气温累积值和日照时数的组合与灌浆特征值间的关系最好。只有在日最低气温相对较高、日照时数充足的环境下,超级晚稻岳优 6135 的灌浆特性才能得到良好发挥,才能形成理想的产量。

根据灌浆速率、千粒重与温度和光照之间的关系模型分析,得出不同灌浆特征值最佳时的理论温光组合(见表 2.17)。当温光条件满足组合Ⅰ时,灌浆速率趋于停滞;当温光条件满足组

合 Ⅱ 时,千粒重达到最大。结合表 2.14 中各处理产量性状数据,3 a 共计 12 个播期中均为第 1 和第 2 播期的温光条件与理论温光组合差距最小,千粒重较大。其他播期的温光条件均表现出较大程度的不足,特别是日照时数。由此可知,在长沙甚至整个长江中下游地区双季超级晚稻播种不宜太迟,6 月中旬至下旬中期较合适。

表 2.17 最佳灌浆特征的理论温光组合指标

气象要素	灌浆速率[g/(1000 粒・d)]	千粒重(g)
	温光组合 Ⅰ	温光组合 Ⅱ
活动积温(℃・d)	968.8	894.6
日最低气温累积值(℃・d)	774.2	740.5
气温日较差累积值(℃・d)	375.0	513.0
日照时数(h)	271.4	345.5

(5)双季超级晚稻产量结构与温光因子的关系

1)结实粒数与温度

从表 2.14 产量结构因素的表现发现,并不是积温越高,穗结实粒数越高。分析穗结实粒数与积温之间的相关关系发现,两者呈开口向下的抛物线关系。关系方程为:

$$y = -0.0007x^2 + 1.2222x - 400.8 \qquad (r = 0.646, p < 0.05) \qquad (2.29)$$

式中:y 为穗结实粒数(粒);x 为积温(℃・d)。两者的相关系数 $r = 0.646$,通过了 0.05 水平的显著性检验。从图 2.5 可知,积温过低或过高,穗结实粒数都会减少。对抛物线方程求极值可知,理论上当积温为 873 ℃・d 时,穗结实粒数最高,为 132.69 粒。实际试验过程中发现并不是每一播期都能达到模型中的穗结实粒数,特别是 2011 年的第 3 和第 4 播期。分析这两个播期的气象数据可知,这两期除了积温相对不足外,9 月 18—24 日以及 9 月 30 日—10 月 8 日遇到了过程平均气温分别为 18.3 和 18.4 ℃ 的寒露风天气,给水稻的抽穗开花和灌浆结实带来一定影响。

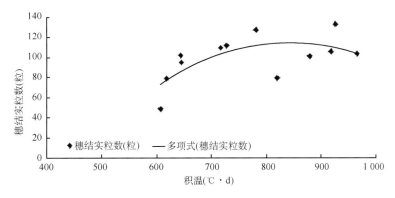

图 2.5 穗结实粒数与积温关系图

2)空壳率与温光条件

利用 2011—2013 年双季超级晚稻灌浆期间的积温、日照时数数据以及空壳率观测数据,分析灌浆期间积温、日照时数对水稻空壳率的影响。运用数理统计方法建立积温、日照时数与空壳率间的模拟方程。方程公式为:

$$y = 507.63 - 0.161x_1 - 1.219x_2 - 0.0116x_1^2 + 0.00023x_2^2 + 0.0048x_1x_2$$

$$(R = 0.905, p < 0.01) \tag{2.30}$$

式中：y 为空壳率（%）；x_1 为灌浆期日照时数（h）；x_2 为灌浆期积温（℃·d）。复相关系数 R 为 0.905，通过了 0.01 水平的显著性检验，说明三者之间具有非常显著的统计学意义。从模型计算可知，当日照时数为 130.8 h，积温为 607.2 ℃·d 时，空壳率达最高，为 54.24%，符合实际生产情况，即积温和光照均相对不足时，空壳率高。

从日照时数、积温与空壳率的三维立体图可知（见图 2.6），零坐标以上积温、日照时数与空壳率之间呈"凸型下降"图形结构。单个气象因素值过高或过低时空壳率都会很高，只有积温和日照时数达到理想组合时，空壳率才会比较低。即如果仅满足温度条件，没有充足的日照或仅满足日照条件而积温不足，都会影响水稻的灌浆，导致水稻空壳率高，结实率低。从图 2.6 可知，当灌浆条件同时满足 700 ℃·d≤积温≤920 ℃·d、日照时数≥180 h 时，空壳率相对较小。

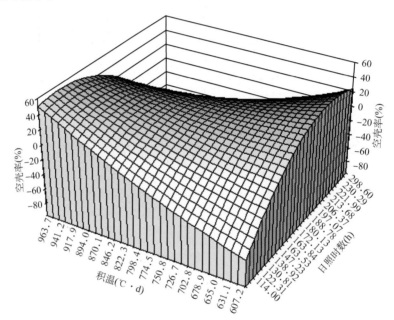

图 2.6　积温、日照时数与空壳率间的三维立体关系

3）结实率与温光条件

利用 2011—2013 年分期播种的灌浆期间的积温、日照时数数据以及结实率观测数据，分析温度、日照时数对水稻结实率的影响。建立积温、日照时数以及结实率三者之间的模拟方程，分析光温对水稻结实率的影响。模拟方程为：

$$y = -419.958 - 1.140x_1 + 1.467x_2 + 0.0039x_1^2 - 0.000933x_2^2 \qquad (R = 0.917, p < 0.01)$$

$$\tag{2.31}$$

式中：y 为结实率；x_1 为灌浆期日照时数（h）；x_2 为灌浆期积温（℃·d）。复相关系数 R 为 0.917，通过了 0.01 水平的显著性检验，说明积温、日照时数和结实率三者之间存在极显著相关关系。

通过模型计算，结实率最高时，日照时数为 238.6 h；积温为 786.0 ℃·d 时，结实率高达 107.0%,和生产实际有一定出入。结合生产实际,灌浆期日照时数累计达到238.6 h,积温为 786.0 ℃·d 的可能性不大,也就意味着灌浆期出现日照时数为 238.6 h,积温为 786.0 ℃·d 时不符合生产实际。从表 2.13 中的温光数据可知,当日照时数为 238.6 h 时,积温为 925.5 ℃·d,远大于模拟值 786.0 ℃·d。

从图 2.7 温光数据与结实率三维立体图可知,积温、日照时数和结实率三者呈"凸型上升"结构,总体是积温高、日照时数多,结实率相对较高;积温低、日照时数少,结实率相对较低。如仅考虑单个因子的满足与否,则良好的水稻灌浆条件得不到满足,结实率低。只有综合考虑日照和积温才能满足水稻良好的灌浆条件。从图 2.7 可知,当灌浆条件同时满足 700 ℃·d≤积温≤920 ℃·d,日照时数≥180 h 时,结实率相对较高。需要注意的是,模型模拟值和实际生产值之间存在误差。

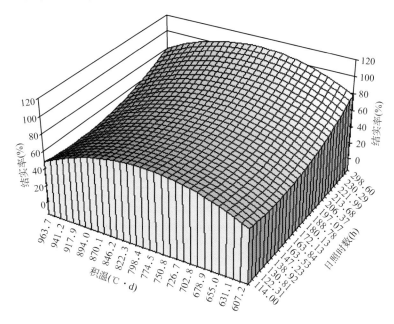

图 2.7　积温、日照时数与结实率间的三维立体关系

2.1.4　小结

通过 2012—2013 年连续两年的试验,获得同一品种在同一气候区不同播期的实际产量、产量结构、灌浆特性等田间观测数据。通过分析双季超级稻产量结构和实际产量与气象条件的关系,明确双季超级稻在长沙地区的最佳播种期,以及在该气候区获得高产、稳产所需的温光条件,主要成果有:

(1)最佳播期安排:长沙地区双季超级早稻和晚稻的供试品种分别为淦鑫 203 和岳优 6135,均属于三系杂交稻。通过对分期播种试验数据以及平行观测的气象因子数据的综合分析可知,长沙地区,不同年份、不同播期的单位面积产量,早稻淦鑫 203,2012 年第 1 和第 3 播期产量较高,2013 年第 1 和第 2 播期的产量较高;晚稻岳优 6135,2012 年第 1 和第 2 播期的产量较高,2013 年是第 2 和第 3 播期产量较高。结合不同播期的播种日期可知,长沙地区双季超级早稻淦鑫 203 较适宜播期是 3 月中旬至下旬中期,双季超级晚稻岳优 6135 的适宜播期为 6 月中下旬。

(2)高产温光指标:对 2012—2013 年不同播期的温光资源进行分析可知,2012 年双季超级早稻的积温条件优于 2013 年,日照条件弱于 2013 年,而 2013 年的产量结构优于 2012 年。综合产量结构与温光条件可知,长沙地区淦鑫 203 获得优质高产的较适宜温光条件是:全生育期活动积温约为 2 500 ℃·d,日照时数约为 650 h。双季超级晚稻岳优 6135,2012 年不同播期的积温与日照条件均弱于 2013 年,但 2012 年前 3 个播期的 1 m² 产量均优于 2013 年。由此可知,晚稻的产量是温度、光照等多个因子综合决定的。结合不同播期的产量结构及温光数据可知,双季超级晚稻岳优 6135 在长沙地区获得高产的较适宜温光条件为:全生育期活动积温约 3 200 ℃·d,日照时数约 900 h。

(3)产量结构最佳温光条件:利用本项目 2012—2013 年的分期播种资料,再结合另一项目 2011 年的分期播种资料,分析了连续 3 a 双季超级早稻淦鑫 203、超级晚稻岳优 6135 灌浆期温光条件与灌浆特征值灌浆速率、千粒重之间的关系。得到双季超级早稻和晚稻灌浆特征值得以良好发挥的理论温光组合指标,见表 2.18。

表 2.18 早、晚稻最佳灌浆特征的理论温光组合指标

气象要素	灌浆速率[g/(1000 粒·d)]		千粒重(g)	
	早稻温光组合Ⅰ	晚稻温光组合Ⅰ	早稻温光组合Ⅱ	晚稻温光组合Ⅱ
活动积温(℃·d)	900.0	968.8	700.0	894.6
日最高气温累积值(℃·d)	1 000.0		801.6	
日最低气温累积值(℃·d)		774.2		740.5
气温日较差累积值(℃·d)	821.4	375.0	611.1	513.0
日照时数(h)	216.2	271.4	176.3	345.5

2.2　南昌分期播种结果分析

2.2.1　试验基本情况

(1)试验基本情况

2012—2013 年,选择江西省本地超级早稻和晚稻品种各 1 个开展分期播种试验。试验场地设于江西省农业气象试验站(站点位置:115°57′E,28°33′N;海拔高度:31.9 m),耕作层土壤质地为沙壤土,pH 值为 5.0～6.0,有机质含量为 35.5 g/kg,速效氮含量为 131.6 mg/kg,有效磷含量为14.2 mg/kg,有效钾含量为 48.5 mg/kg,肥力中等。分期播种试验水肥管理与当地大田生产保持一致。

(2)分期播种安排

双季超级早稻供试品种为金优 458(生育期平均 112.1 d),籼型杂交中熟,播种量22.5 kg/hm²。2012 和 2013 年早稻播期安排见表 2.19。

双季超级晚稻供试品种 2012 年为岳优 9113(生育期平均 113.5 d),籼型杂交中熟,播种量 15.0 kg/hm²。2013 年为岳优 286(生育期平均 109.8 d),籼型杂交中熟,播种量15.0 kg/hm²。2012 和 2013 年播期安排见表 2.20。

表 2.19　2012 和 2013 年双季超级早稻播期安排

年份	播期	播种日期(月/日)	移栽日期(月/日)	收获日期(月/日)
2012	1	3/18	4/18	7/12
	2	3/25	4/25	7/19
	3	4/1	5/2	7/23
	4	4/8	5/9	7/27
2013	1	3/16	4/21	7/11
	2	3/22	4/25	7/16
	3	3/29	5/1	7/19
	4	4/5	5/5	7/22

表 2.20　2012 和 2013 年双季超级晚稻播期安排

年份	播期	播种日期(月/日)	移栽日期(月/日)	收获日期(月/日)
2012	1	6/18	7/16	10/23
	2	6/23	7/21	10/27
	3	6/28	7/26	10/31
	4	7/3	7/31	11/7
	5	7/8	8/6	11/10
2013	1	6/16	7/16	10/17
	2	6/21	7/21	10/19
	3	6/26	7/27	10/22
	4	7/1	8/1	10/26
	5	7/6	8/5	10/29

(3)观测项目

对各播期开展生育期观测,并对主要生育期开展生长状况(含分蘖动态观测)和生长量测定,收获后开展测产,并记录生长发育期间的气象要素。

超级稻生育期观测:记录播种、移栽、返青、分蘖、拔节、孕穗、抽穗、乳熟、成熟等期;记录各个生育期进程时间及起始期(≥10%)、普遍期(≥50%)出现时间。观测频率为每 2 d 观测一次,旬末进行巡视观测。在双季稻的抽穗开花期每日观测一次。

超级稻形态观测:分蘖数、植株密度、叶龄、叶面积、株高、干物重等。观测时间:在分蘖、拔节、孕穗、抽穗、乳熟、成熟等主要生育普遍期观测。观测次数以各关键生育期长短加测;分蘖普遍期后每 5 d 开展一次分蘖动态观测。

超级稻产量结构观测:每穗总粒数、每穗实粒数、空壳率、秕谷率、千粒重、生物学产量、经济学产量等。

2.2.2　分期播种超级稻生育期分析

(1)早稻发育进程分析

金优 458 在长江中下游作双季早稻种植全生育期平均为 112.1 d。表 2.21 和表 2.22 列出了 2012 年超级早稻金优 458 的 4 个播期的生育期和生长发育进程数据。结果显示,随着播期的延迟,水稻生育期总天数第 1 第 2 播期一致,而第 3 和第 4 播期与第 1 播期相比则分别缩短了 3 和 6 d。通过分析比较各个播期的发育进程,结果显示,第 3 播期和第 4 播期拔节—孕穗之间的生长发育进程明显缩短。

表 2.21　2012 年不同播期金优 458 生育期日期表

生育期	第 1 播期(月/日)	第 2 播期(月/日)	第 3 播期(月/日)	第 4 播期(月/日)
播种	3/18	3/25	4/1	4/8
移栽	4/18	4/25	5/2	5/9
返青	4/23	5/1	5/7	5/15
分蘖	5/3	5/9	5/15	5/23
拔节	5/21	5/27	6/1	6/7
孕穗	6/7	6/11	6/13	6/19
抽穗	6/15	6/17	6/21	6/29
乳熟	6/21	6/25	6/29	7/5
成熟	7/12	7/19	7/23	7/27

表 2.22　2012 年金优 458 各生育期间隔天数

生长发育进程	生育期间隔天数(d)			
	第 1 播期	第 2 播期	第 3 播期	第 4 播期
播种—移栽	31	31	31	31
移栽—返青	5	6	5	6
返青—分蘖	10	8	8	8
分蘖—拔节	18	18	17	15
拔节—孕穗	17	15	12	12
孕穗—抽穗	8	6	8	10
抽穗—乳熟	6	8	8	6
乳熟—成熟	21	24	24	22
生育期总天数	116	116	113	110

　　表 2.23 和表 2.24 列出了 2013 年超级早稻金优 458 的 4 个播期的生育期和生长发育进程数据。结果显示,随着播期的延迟,水稻生育期总天数呈下降趋势。其中,第 1 和第 2 播期生育期总天数无明显差异,而第 3 和第 4 播期生育期明显缩短,与前两个播期相比分别缩短了 5 和 10 d。分析比较各个播期的生长发育进程显示,第 3 和第 4 播期的播种到移栽、移栽到分蘖的时间明显缩短,与第 1 播期相比播种到移栽的时间分别缩短了 3 和 6 d,移栽到分蘖的时间分别缩短了 6 和 8 d;此外,后 3 个播期孕穗到抽穗的时间分别缩短了 2,3 和 3 d,而抽穗到成熟的时间分别延长了 3,5 和 6 d。

　　(2)晚稻生长发育进程分析

　　岳优 9113 在长江中下游作双季晚稻种植全生育期平均为 113.5 d。表 2.25 和表 2.26 列出了 2012 年超级晚稻岳优 9113 的 5 个播期的生育期和生长发育进程数据。结果显示,随着播期的延迟,晚稻生育期总天数无明显差异,但均明显长于品种平均生育期天数。分析比较各个播期的生长发育进程表明,移栽到分蘖的时间,第 4 和第 5 播期相对第 1 和第 2 播期延长了 2～3 d。从分蘖到孕穗的时间,各播期分别为 33,30,31,26 和 27 d,最后两个播期较前 3 个播期明显缩短；从孕穗到抽穗以及抽穗到乳熟的时间则随着播期延迟而延长，各播期孕穗到乳熟的时间分别为 21,25,24,29 和 28 d；后 4 个播期乳熟到成熟的时间则随播期延迟而较第 1 播期缩短了 2~6 d。

表 2.23　2013 年不同播期超级早稻金优 458 生育期

生育期	第 1 播期(月/日)	第 2 播期(月/日)	第 3 播期(月/日)	第 4 播期(月/日)
播种	3/16	3/22	3/29	4/5
移栽	4/21	4/25	5/1	5/5
返青	4/27	5/1	5/5	5/9
分蘗	5/11	5/13	5/15	5/17
拔节	5/24	5/26	5/28	5/30
孕穗	6/9	6/13	6/15	6/17
抽穗	6/18	6/20	6/21	6/23
乳熟	6/26	6/30	7/1	7/3
成熟	7/11	7/16	7/19	7/22

表 2.24　2013 年超级早稻金优 458 分期播种生长发育进程

生长发育进程	生育期间隔天数(d)			
	第 1 播期	第 2 播期	第 3 播期	第 4 播期
播种—移栽	36	34	33	30
移栽—返青	6	6	4	4
返青—分蘗	14	12	10	8
分蘗—拔节	13	13	13	13
拔节—孕穗	16	18	18	18
孕穗—抽穗	9	7	6	6
抽穗—乳熟	8	10	10	10
乳熟—成熟	15	16	18	19
生育期总天数	117	116	112	108

表 2.25　2012 年不同播期超级晚稻岳优 9113 生育期

生育期	第 1 播期(月/日)	第 2 播期(月/日)	第 3 播期(月/日)	第 4 播期(月/日)	第 5 播期(月/日)
播种	6/18	6/23	6/28	7/3	7/8
出苗	6/21	6/27	7/1	7/6	7/12
三叶	6/27	7/3	7/7	7/11	7/17
移栽	7/16	7/21	7/26	7/31	8/6
返青	7/21	7/27	8/1	8/7	8/14
分蘗	7/27	8/1	8/5	8/14	8/19
拔节	8/14	8/19	8/23	8/27	9/3
孕穗	8/29	8/31	9/5	9/9	9/15
抽穗	9/7	9/9	9/15	9/23	9/27
乳熟	9/19	9/25	9/29	10/8	10/13
成熟	10/23	10/27	10/31	11/7	11/10

表 2.26　2012 年超级晚稻岳优 9113 分期播种生长发育进程

生长发育进程	生育期间隔天数（d）				
	第 1 播期	第 2 播期	第 3 播期	第 4 播期	第 5 播期
播种—移栽	28	28	28	28	29
移栽—返青	5	6	6	7	8
返青—分蘖	6	5	4	7	5
分蘖—拔节	18	18	18	13	15
拔节—孕穗	15	12	13	13	12
孕穗—抽穗	9	9	10	14	12
抽穗—乳熟	12	16	14	15	16
乳熟—成熟	34	32	32	30	28
生育期总天数	127	126	125	127	125

岳优 286 在长江中下游作双季晚稻种植全生育期平均为 109.8 d。表 2.27 和表 2.28 列出了 2013 年超级晚稻岳优 286 的 5 个播期的生育期和生长发育进程数据。结果显示，随着播

表 2.27　2013 年不同播期超级晚稻岳优 286 生育期

生育期	第 1 播期（月/日）	第 2 播期（月/日）	第 3 播期（月/日）	第 4 播期（月/日）	第 5 播期（月/日）
播种	6/16	6/21	6/26	7/1	7/6
出苗	6/19	6/25	7/2	7/5	7/10
三叶	6/26	7/3	7/10	7/13	7/18
移栽	7/16	7/21	7/27	8/1	8/5
返青	7/19	7/25	7/29	8/5	8/7
分蘖	7/25	7/31	8/5	8/9	8/13
拔节	8/7	8/13	8/17	8/21	8/25
孕穗	8/25	8/29	9/3	9/7	9/11
抽穗	9/5	9/9	9/13	9/15	9/19
乳熟	9/19	9/21	9/23	9/25	9/29
成熟	10/17	10/19	10/22	10/26	10/29

表 2.28　2013 年超级晚稻岳优 286 分期播种生长发育进程

生长发育进程	生育期间隔天数（d）				
	第 1 播期	第 2 播期	第 3 播期	第 4 播期	第 5 播期
播种—移栽	30	30	31	31	30
移栽—返青	3	4	2	4	2
返青—分蘖	6	6	7	4	6
分蘖—拔节	13	13	12	12	12
拔节—孕穗	18	16	17	17	17
孕穗—抽穗	11	11	10	8	8
抽穗—乳熟	14	12	10	10	10
乳熟—成熟	28	28	29	31	30
生育期总天数	123	120	118	117	115

期的延迟,晚稻生育期总天数递减,后 4 个播期生育期天数相比第 1 播期分别缩短了 3,5,6 和 8 d,但均明显长于品种平均生育期天数。分析比较各个播期的生长发育进程可知,孕穗—抽穗以及抽穗—乳熟的时间随着播期延迟而缩短是生育期总天数减少的主要原因。

(3)超级稻生育期影响分析小结

早稻:金优 458 第 1 播期和播种普遍期(第 2 播期)生育期天数基本一致,第 3 和第 4 播期移栽—分蘖、拔节—孕穗之间的生长发育进程明显缩短。

晚稻:岳优 9113 第 1～3 播期发育进程基本一致,而第 4 和第 5 播期分蘖到拔节的时间明显缩短(有效穗不足),孕穗到抽穗的时间明显延长(导致包穗等问题)。岳优 286 生育期总天数随播期延迟而递减,孕穗到乳熟的时间明显缩短。

2.2.3　分期播种生长状况和生长量分析

(1)早稻生长状况和生长量分析

图 2.8 为 2012 和 2013 年早稻金优 458 各个播期的株高情况。从图 2.8a 中可以看出,2012 年早稻达到分蘖期时,第 1 播期的株高反而较第 2 和第 3 播期小 8～10 cm,这可能是因为第 1 播期的播种时间较早,早期低温导致秧苗生长缓慢,而第 4 播期(较第 1 播期晚 21 d)达到分蘖期时较低的株高则可能是因为后期秧田温度过高抑制了秧苗生长。观测也显示,在播种至移栽期,第 2 和第 3 播期均出现了分蘖(第 2 播期在叶龄达到 5 叶时开始分蘖,第 3 播期分蘖最强,达到 4 叶即开始分蘖,在移栽前达到了秧田分蘖普遍期),而第 1 和第 4 播期均未出现分蘖情况(移栽前均达到了 5 叶,理论上具有分蘖的可能性)。从拔节期到乳熟期,第 1 和第 2 播期的株高均明显高于后两个播期,平均高出 5～12 cm。从上面分析的不同播期的生长发育进程发现,由于第 1 和第 2 播期分蘖到孕穗的时间明显较长(两者分别为 35 和 33 d,而第 3 和第 4 播期分别为 29 和 27 d),早期温度对水稻分蘖和营养生长更为适宜,作物积累了更多的光合产物;而后两个播期作物分蘖明显减少,分蘖期缩短,单株叶面积和叶面积指数也同时下降,光合产物积累减少。

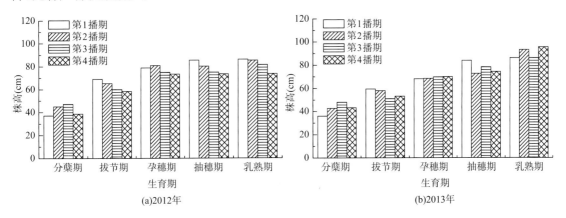

图 2.8　分期播种对超级早稻金优 458 株高的影响

图 2.8b 显示,2013 年早稻分蘖期和拔节期株高情况与 2012 年相似,孕穗期差异较为明显,2012 年早稻孕穗期之后晚播株高显著低于早播株高,而 2013 年早稻孕穗期和成熟期各个播期株高无显著差异,分析气象数据显示,2013 年早稻生长发育期间积温和气温日温差较

2012年明显偏高,晚播早稻获得了充足的积温来完成发育。

图2.9为2012和2013年早稻金优458各个播期的单株叶面积和叶面积指数情况。从图2.9a和图2.9b可以看出,分蘖期第1播期单株叶面积和叶面积指数较第2播期明显偏低,同样与早期秧田生长环境的小气候温度较低有关。分蘖期第4播期叶面积指数最高,这与该播期较高的基本苗数量(见表2.29)和植株密度有关(4个播期分蘖期大田密度分别为83.4,100.8,105.4和132.7株/m²,第4播期较第1播期高出59%,而中间两播期植株密度相当)。此外,第1播期单株叶面积的最大值出现在抽穗期,而后面3个播期均在孕穗期即达到了峰值,然后呈下降趋势,因为第1播期有相对更长的生长发育时间和更大叶面积来进行干物质的积累,导致其理论产量和实际产量均高于其后3个播期。叶面积指数结果也显示,从拔节到乳熟,第1播期的叶面积指数均最高,且均在孕穗期达到峰值,孕穗期之后,后3个播期的叶面积指数差异缩小,但均明显小于第1播期。

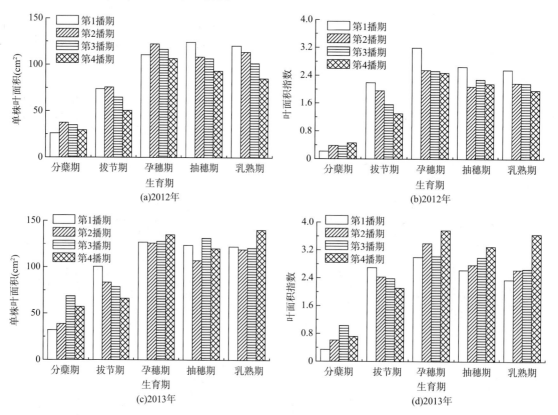

图2.9 分期播种对超级早稻金优458单株叶面积和叶面积指数的影响

从图2.9c和图2.9d可以看出,与2012年情况相似,随播期延迟,分蘖期2013年早稻单株叶面积和叶面积指数增加,拔节期则随着播期延迟而降低。但孕穗之后的情况则相反,2012年早播的早稻叶面积和叶面积指数较高,而2013年则是晚播的早稻叶面积和叶面积指数明显偏高,尤其是第4播期偏高明显。

图2.10为2012和2013年早稻金优458各个播期的生长量情况,其中第2播期为播种普遍期。图2.10a显示,各播期单株叶片干重总体呈第2播期>第1播期>第3播期>第4播期的规律;与第2播期相比,第1、第3和第4播期分别下降了4.9%~25.9%,6.8%~17.3%

和 13.6%～41.2%,差异最大时期分别出现在分蘖期、乳熟期和成熟期。此外,第 1 和第 2 播期单株叶片干重峰值出现时间均较晚,分别为抽穗期和乳熟期,而后两个播期在孕穗期即达到最大值,之后即呈下降趋势。

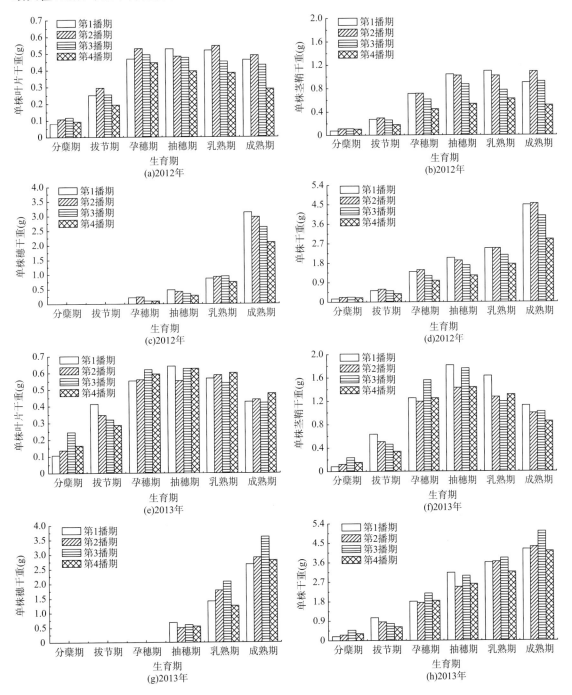

图 2.10　分期播种对超级早稻金优 458 生长量的影响

图 2.10b 显示,从分蘖到抽穗期,第 1 和第 2 播期的单株茎鞘干重无明显差异,到乳熟期则第 1 播期高出 7.3%,成熟期则相反,第 2 播期高出 21.1%。与第 1 和第 2 播期相比,第 3

和第 4 播期的单株茎鞘干重则明显下降,降幅分别为 5.3%～29.5% 和 34.4%～48.5%,差异最大时期分别出现在乳熟期和抽穗期。此外,4 个播期的单株茎鞘干重峰值出现时间分别为成熟期、乳熟期、抽穗期。

图 2.10c 显示,第 1 和第 2 播期的单株穗干重差异不明显。第 3 和第 4 播期的单株穗干重相比第 1 播期则明显下降,降幅分别为 16.1%～54.1% 和 13.9%～56.5%,差异最大时期均出现在孕穗期。

图 2.10d 显示,各播期的单株干重总体呈第 1 播期≈第 2 播期＞第 3 播期＞第 4 播期的规律;与第 1 和第 2 播期相比,第 3 和第 4 播期分别下降了 11.4%～17.1% 和 29.4%～40.4%,差异最大时期均出现在抽穗期。此外,在乳熟期之前,前 3 个播期的单株干重增长峰值均出现在拔节到孕穗期间,而第 4 播期出现在抽穗到乳熟期间,这一情况可归结于作物代偿性生长,以补偿前期光合产物积累的不足。

图 2.10e 和图 2.10f 显示,2013 年早稻分蘖期和拔节期的情况与 2012 年类似,随着播期延迟分蘖期生物量呈增加趋势,拔节期则呈递减趋势。孕穗之后,单株叶片干重、单株穗干重和单株干重各播期差异较小,晚播呈一定增加趋势,而 2012 年则呈递减趋势。此外,2013 年早稻总的单株生物量均明显大于 2012 年。

图 2.11 为 2012 年早稻金优 458 各个播期的单株根重和根冠比情况。从图中可以看出,从分蘖到抽穗期,第 1 和第 2 播期有相对较高的单株根重和根冠比,表明前两期作物根系相对发达,有利于吸收更多矿物质和水分促进地上部分的光合作用。抽穗期以后,4 个播期作物的根冠比差异明显缩小,根冠比均下降,表明早期根部积累的干物质向地上部分尤其是穗部分配,促进作物产量的形成。

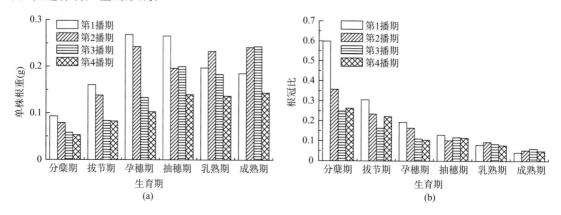

图 2.11　2012 年分期播种对超级早稻金优 458 单株根重和根冠比的影响

图 2.12 为 2012 和 2013 年早稻金优 458 各个播期的生长率情况。从图 2.12a 中可以看出,拔节期,2012 年早稻第 1 和第 2 播期生长率明显大于后 2 个播期。从拔节期到孕穗期,第 1 播期生长率明显高于后 3 个播期,而第 2、第 3 和第 4 播期生长率大小相当。从孕穗期到抽穗期,第 1 和第 4 播期生长率明显小于第 2 和第 3 播期,且第 3 播期又明显大于第 2 播期。从抽穗期到乳熟期,第 1 和第 4 播期生长率又明显大于第 2 和第 3 播期。从乳熟期到成熟期,则第 1 播期明显高于后 3 个播期,而第 2 和第 3 播期生长率大小相当,第 4 播期最小。从总的生长速率来讲,第 1 播期最大,为 13.37 g·m²/d;第 2 和第 3 播期相当,均为 11.95 g·m²/d;第 4 播期最小,为 9.93 g·m²/d。

图 2.12b 显示,2013 年早稻生长率与 2012 年无共性,2013 年早稻拔节期的生长率呈两头高中间低趋势,早播和晚播生长率均较高,拔节期之后,生长率随播期延迟呈增加趋势,尤其是抽穗之后,第 2 和第 3 播期明显高于其他播期。

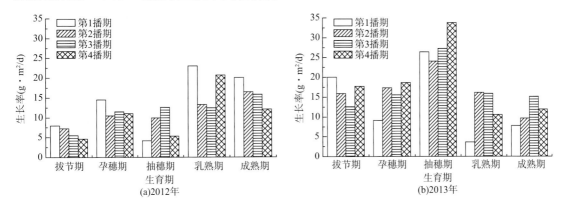

图 2.12　分期播种对超级早稻金优 458 生长率的影响

(2)早稻不同播期分蘖动态分析

表 2.29 为 2012 和 2013 年早稻金优 458 各个播期的分蘖动态情况。早稻分蘖动态从返青后开始观测,每 2 d 观测一次,直至拔节初期分蘖基本停止为止,基本苗为统计 10 穴的数值。表 2.29 显示,随着播期延迟,2012 年作物分蘖的总时间缩短,从分蘖开始到拔节初期,4 个播期的分蘖时间分别为 22,20,18 和 15 d;同时,随着播期延迟 2012 年各播期最终的分蘖数和分蘖百分率依次下降,后两播期下降尤为明显,分蘖数仅为前两播期的 2/3,分蘖百分率则下降了近一半。此外,第 1 播期的分蘖盛期出现在返青后第 22 d,第 2 播期出现在第 18 d,第 3 播期出现在第 10 d,第 4 播期出现在第 8 d。随着播期延迟分蘖盛期出现的时间大幅提前。

表 2.29　分期播种对超级早稻金优 458 分蘖动态的影响

2012年	第 1 播期 (月/日)	分蘖数 (个)	分蘖 百分率 (%)	第 2 播期 (月/日)	分蘖数 (个)	分蘖 百分率 (%)	第 3 播期 (月/日)	分蘖数 (个)	分蘖 百分率 (%)	第 4 播期 (月/日)	分蘖数 (个)	分蘖 百分率 (%)
基本苗	4/23	28	0	5/1	34	0	5/7	41	0	5/15	50	0
分蘖	4/27	4	14	5/5	2	6	5/11	2	5	5/19	4	8
分蘖	4/29	6	21	5/7	15	44	5/14	13	32	5/21	13	26
分蘖	5/1	12	43	5/9	36	106	5/15	21	51	5/23	40	80
分蘖	5/3	25	89	5/11	45	132	5/17	43	105	5/25	63	126
分蘖	5/5	32	114	5/14	64	188	5/19	61	149	5/27	72	144
分蘖	5/7	57	204	5/15	65	191	5/21	71	173	5/29	79	158
分蘖	5/9	69	246	5/17	73	215	5/23	87	212	5/31	101	202
分蘖	5/11	83	296	5/19	102	300	5/25	100	244	6/1	105	210
分蘖	5/14	99	354	5/21	127	374	5/27	107	261	6/3	109	218
分蘖	5/15	106	379	5/23	146	429	5/29	117	285			
分蘖	5/17	119	425									
分蘖	5/18	144	514									

2013年	第1播期（月/日）	分蘖数（个）	分蘖百分率（%）	第2播期（月/日）	分蘖数（个）	分蘖百分率（%）	第3播期（月/日）	分蘖数（个）	分蘖百分率（%）	第4播期（月/日）	分蘖数（个）	分蘖百分率（%）
基本苗	4/27	30.0	0.0	5/1	32.5	0.0	5/5	38.3	0.0	5/9	37.5	0.0
分蘖	4/29	3.0	8.0	5/3	2.0	5.0	5/7	2.0	4.0	5/11	3.3	8.9
分蘖	5/1	3.0	8.0	5/5	3.0	8.0	5/9	3.0	8.7	5/13	5.8	15.6
分蘖	5/3	3.3	11.1	5/7	5.8	17.9	5/11	5.0	13.0	5/15	16.7	44.4
分蘖	5/5	3.3	11.1	5/9	11.7	35.9	5/13	14.2	37.0	5/17	33.3	88.9
分蘖	5/7	3.3	11.1	5/11	33.3	102.6	5/15	43.3	113.0	5/20	55.0	146.7
分蘖	5/9	5.0	16.7	5/15	50.0	153.8	5/17	49.2	128.3	5/22	75.8	202.2
分蘖	5/11	22.5	75.0	5/15	76.7	235.9	5/20	69.2	180.4	5/24	89.2	237.8
分蘖	5/13	35.8	119.4	5/17	78.3	241.0	5/22	76.7	200.0	5/26	101.7	271.1
分蘖	5/15	53.3	177.8	5/20	93.3	287.2	5/24	97.5	254.3	5/28	120.8	322.2
分蘖	5/17	61.7	205.6	5/22	104.2	320.5	5/26	110.0	287.0	5/30	142.5	380.0
分蘖	5/20	75.0	250.0	5/24	111.7	343.6	5/28	124.2	323.9			
分蘖	5/22	84.2	280.6	5/26	117.5	361.5						
分蘖	5/24	88.3	294.4									

与 2012 年分蘖状况不同，2013 年早稻分蘖数随播期延迟基本呈增加趋势，分蘖百分率呈第 4 播期＞第 2 播期＞第 3 播期＞第 1 播期的趋势，分蘖数呈第 4 播期＞第 3 播期＞第 2 播期＞第 1 播期的趋势。可以看出随着播期延迟，分蘖时间缩短，而分蘖数显著增加。此外，第 1 和第 2 播期的分蘖盛期出现在返青后第 12 d，第 3 播期出现在第 14 d，第 4 播期出现在第 19 d，随着播期延迟分蘖盛期出现的时间也有所延迟。

（3）晚稻生长状况和生长量分析

图 2.13 为 2012 和 2013 年晚稻岳优 9113 和岳优 286 各个播期的株高情况。从图 2.13a 中可以看出，从分蘖期到孕穗期，岳优 9113 各播期株高呈第 3 播期（播种普遍期）＞第 1 播期≈第 2 播期＞第 4 播期≈第 5 播期的趋势；孕穗期之后，株高呈第 1 播期＞第 3 播期≈第 2 播期＞第 4 播期≈第 5 播期的趋势，相比第 1 播期其他播期株高下降了 5.9～18.7 cm，即抽穗之后，随着播期后延株高呈较显著下降趋势。岳优 286（见图 2.13b）株高基本随播期后延呈降低趋势，尤其是抽穗之后，随着播期后延株高下降较为明显。

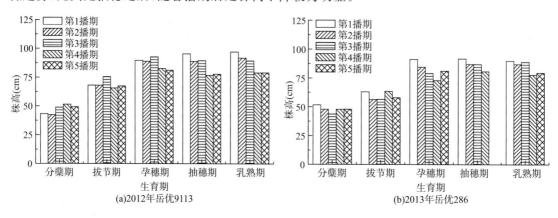

图 2.13　分期播种对超级晚稻岳优 9113 和岳优 286 株高的影响

图 2.14 为 2012 和 2013 年晚稻岳优 9113 和岳优 286 各个播期的单株叶面积和叶面积指数情况。从图 2.14a 和图 2.14b 可以看出,岳优 9113 除第 2 播期单株叶面积和叶面积指数最大值出现在抽穗期外,其他播期均出现在孕穗期。从分蘖期到拔节期,晚播的晚稻单株叶面积和叶面积指数相对较大,而到孕穗期以后,早播的晚稻单株叶面积相对较大。

图 2.14c 和图 2.14d 显示,分蘖期岳优 286 单株叶面积和叶面积指数呈现早、晚播高,中间低的趋势,拔节期单株叶面积以第 3 播期为最高,其他 3 期差异不明显。孕穗期之后,单株叶面积和叶面积指数总体随播期延迟呈下降趋势。

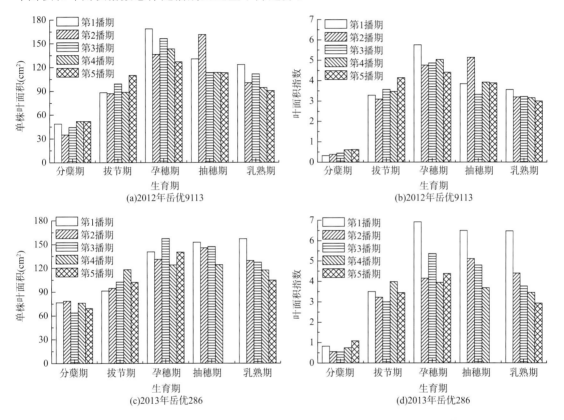

图 2.14　分期播种对超级晚稻岳优 9113 和岳优 286 单株叶面积和叶面积指数的影响

图 2.15 为 2012 和 2013 年晚稻岳优 9113 和岳优 286 各个播期的生长量情况。图 2.15a~d 显示,岳优 9113 单株叶片干重、单株茎鞘干重和单株干重随播期后延均呈下降趋势,除第 2 播期单株叶片干重最大值出现在抽穗期外,其余 4 个播期均出现在孕穗期,且呈第 1 播期＞第 3 播期＞第 4 播期＞第 5 播期的趋势,各播期单株茎鞘干重最大值均出现在抽穗期。各个播期单株穗干重无明显规律,到成熟期,前 3 个播期单株穗干重明显大于后 2 个播期。从单株干重来看,第 1、第 2 和第 3 播期相当,第 4 和第 5 播期单株干重明显下降,因此晚稻播种最晚不能晚于 6 月 21 日;如早稻收割期提早或采用生育期较短的早稻品种(大田能及时空出以移栽晚稻),可适当提前晚稻播种时间或直播时间。

图 2.15e~h 显示,与岳优 9113 类似,岳优 286 单株叶片干重随播期后延也呈下降趋势,而单株茎鞘干重则呈增加趋势。到乳熟期和成熟期,第 2、第 3 和 4 播期的单株茎鞘干重均大于第 1 播期,从产量结果可以看出中间播期产量更高,故晚稻也不宜过早播种,可适当提前到

第 2 播期即 6 月 16 日左右播种。综上所述,晚稻在 6 月 16—21 日之间播种较为适宜,即播种普遍期可适当提前 5 d 左右。

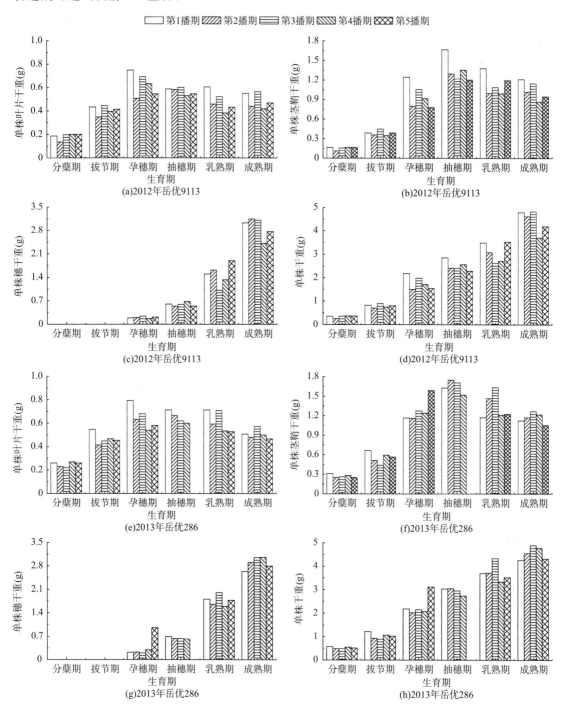

图 2.15　分期播种对超级晚稻岳优 9113 和岳优 286 生长量的影响

图 2.16 为 2012 年岳优 9113 各个播期单株根重和根冠比情况。图 2.16a 显示,除拔节期和成熟期无明显差异外,其余时期第 3 播期单株根干重较第 1 播期均明显下降,降幅为

$17.1\%\sim23.5\%$。第 4 播期在成熟期与第 1 播期无差异,其余时期均明显下降,降幅为 $12.8\%\sim28.8\%$。抽穗期第 5 播期与第 1 播期无明显差异,而在成熟期则较第 1 播期显著高出 52.9%,其余时期则较第 1 播期下降 $12.9\%\sim43.9\%$。总体看来,在发育早期,早播的单株根重大于晚播,在成熟期,则早播单株根重小于晚播,即早播的水稻有利于营养物质的吸收,后期根系干物重更多地转移到了水稻其他部位。

图 2.16b 显示,从分蘖期到孕穗期,早播的 2 个播期的水稻的根冠比明显大于晚播的后 3 个播期的根冠比。抽穗期以后,晚播的水稻根冠比增加,到成熟期,第 2 播期根冠比最低,而随着播期进一步后延,根冠比逐渐增加,成熟期干物质过多地向根部分配有可能造成地上部分干物质的损失。

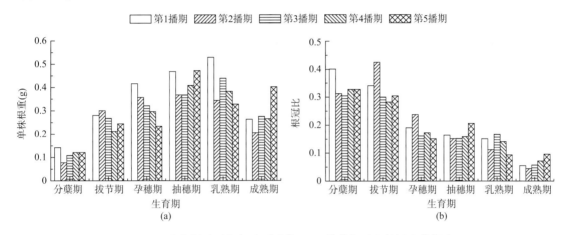

图 2.16   分期播种对超级晚稻岳优 9113 单株根重和根冠比的影响

图 2.17 为 2012 和 2013 年晚稻岳优 9113 和岳优 286 各个播期的生长率情况。图 2.17a 显示,随着播期延迟,岳优 9113 生长率无明显规律。拔节期,各播期整体生长率差异不大。孕穗期,随播期延迟,生长率呈下降趋势,而第 5 播期生长率的下降尤为显著,相对第 1 播期降幅 33.9%。从孕穗期到抽穗期,第 1 和第 3 播期无显著差异,而第 2、第 4 和第 5 播期明显大于第 1 和第 2 播,表明晚播的稻株在抽穗期生长量有一个明显的补偿增长过程。

从最高生长率出现的时间来看,第 1 播期的稻株最高生长率出现在孕穗期,其后生长率即迅速下降;第 2 播期最高生长率出现在抽穗期,早期生长率较高,后期降幅也相对较小,有利于稻株充分发育;第 3 播期的情况与第 2 播期类似,孕穗期之前生长率较高,之后则迅速下降,乳熟期到成熟期的反弹可能源于作物的自身补偿机制;第 4 播期最大生长率出现在孕穗期,可能跟生育期温度较高有关,后期抽穗期到乳熟期生长率极低,因此可能影响其干物质积累;最晚播的第 5 播期最高生长率出现在抽穗期,较其余播期呈延迟状态,孕穗期之前生长率较低,中期偏高,乳熟期到成熟期生长率又偏低,导致其整体生长不佳。从总的生长率来看,第 2 播期最大,为 $16.2\ \mathrm{g}\cdot\mathrm{m}^2/\mathrm{d}$;其次为第 5 播期,为 $15.9\ \mathrm{g}\cdot\mathrm{m}^2/\mathrm{d}$;第三为第 1 和第 3 播期,分别为 15.4 和 $15.5\ \mathrm{g}\cdot\mathrm{m}^2/\mathrm{d}$;第 4 播期最小,为 $13.3\ \mathrm{g}\cdot\mathrm{m}^2/\mathrm{d}$。结合总的生育期天数和发育速率分布,可以看出第 2 播期最适宜稻株发育,该品种可以适当晚播。

图 2.17b 显示,岳优 286 各个播期生长率无明显规律,从总的生长率来看,5 个播期分别为 17.9,16.5,15.8,15.9 和 $13.3\ \mathrm{g}\cdot\mathrm{m}^2/\mathrm{d}$,随着播期延迟生长率呈降低趋势。

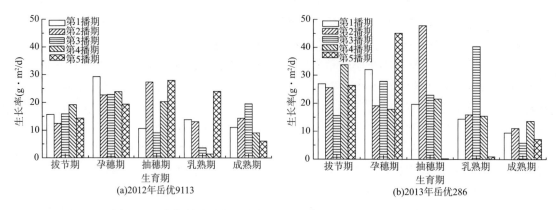

图 2.17　分期播种对超级晚稻岳优 9113 和岳优 286 生长率的影响

（4）晚稻不同播期分蘖动态分析

表 2.30 为 2012 和 2013 年晚稻岳优 9113 和岳优 286 各个播期的分蘖动态情况。晚稻分蘖动态从返青后开始观测，每 2 d 观测一次，直至拔节初期分蘖基本停止为止。表 2.30 显示，随着播期后延，岳优 9113 分蘖的天数缩短，从分蘖开始到拔节初期，5 个播期的分蘖时间分别为 19,19,18,11 和 14 d（第 4 播期第 1 次分蘖缺测，故间隔最短）；同时，随着播期后延，第 2 和

表 2.30　分期播种对超级晚稻岳优 9113 和岳优 286 分蘖动态的影响

2012 年岳优9113	第 1 播期（月/日）	分蘖数（个）	分蘖百分率（%）	第 2 播期（月/日）	分蘖数（个）	分蘖百分率（%）	第 3 播期（月/日）	分蘖数（个）	分蘖百分率（%）	第 4 播期（月/日）	分蘖数（个）	分蘖百分率（%）	第 5 播期（月/日）	分蘖数（个）	分蘖百分率（%）
基本苗	7/21	24	0	7/27	40	0	8/1	33	0	8/7	30	0	8/14	41	0
分蘖	7/25	6	25	7/29	14	35	8/3	9	27				8/17	11	27
分蘖	7/27	28	117	8/1	37	93	8/5	28	85	8/14	42	140	8/19	32	78
分蘖	7/29	43	179	8/3	75	188	8/7	47	142	8/15	52	173	8/21	66	161
分蘖	7/31	65	271	8/5	95	238	8/14	134	406	8/17	68	227	8/23	88	215
分蘖	8/3	84	350	8/7	111	278	8/15	138	418	8/19	111	370	8/25	105	256
分蘖	8/5	110	458	8/14	178	445	8/15	154	467	8/21	150	500	8/27	126	307
分蘖	8/7	149	621	8/15	181	453	8/19	192	582	8/23	174	580	8/29	143	349
分蘖	8/13	222	925	8/17	189	473	8/21	227	688	8/25	208	693	8/31	154	376
2013 年岳优286	第 1 播期（月/日）	分蘖数（个）	分蘖百分率（%）	第 2 播期（月/日）	分蘖数（个）	分蘖百分率（%）	第 3 播期（月/日）	分蘖数（个）	分蘖百分率（%）	第 4 播期（月/日）	分蘖数（个）	分蘖百分率（%）	第 5 播期（月/日）	分蘖数（个）	分蘖百分率（%）
基本苗	7/19	29	0	7/25	19	0	7/29	17	0	8/5	28	0	8/7	25	0
分蘖	7/22	3	11	7/29	4	22	8/1	4	25	8/7	5	18	8/9	3	13
分蘖	7/23	7	23	7/31	12	61	8/5	22	130	8/9	13	46	8/11	6	23
分蘖	7/25	18	60	8/3	23	117	8/7	35	210	8/11	26	94	8/13	39	157
分蘖	7/27	33	114	8/5	33	174	8/9	44	265	8/13	47	170	8/15	56	223
分蘖	7/29	52	177	8/7	63	330	8/11	60	360	8/15	72	261	8/17	67	267
分蘖	7/31	64	220	8/9	83	430	8/13	88	525	8/17	87	315	8/19	83	330
分蘖	8/2	88	303	8/11	107	557	8/15	116	695	8/19	100	364	8/21	101	403
分蘖	8/5	138	471										8/23	113	453

第 5 播期的最终的分蘖数明显下降,后 4 个播期的最终的分蘖百分率也均明显下降,而第 3 和第 4 播期的分蘖数和分蘖百分率均相当。此外,第 1 和第 3 播期的分蘖盛期分别出现在返青后的第 17 和第 18 d,第 4 播期出现在第 12 d,第 2 和第 5 播期分别出现在第 5 和第 7 d。

随着播期后延,岳优 286 总的分蘖数无明显规律,第 1 播期较其余播期明显偏多。从最终分蘖百分率来看,第 3 播期(播种普遍期)最高,第 2 和第 3 播期明显高于其他播期,第 4 播期最低,而第 1 和第 5 播期相当。此外,5 个播期分蘖盛期出现的时间分别为第 14,13,13,8 和 4 d,与岳优 9113 类似,随着播期后延分蘖盛期出现的时间提前。从分蘖角度来看,大面积播种安排在 7 月 27 日前后对分蘖影响不大,而后延则导致分蘖数明显下降。

(5)早、晚稻生长状况和生长量影响分析小结

早稻:早稻分蘖期株高、单株叶面积和叶面积指数,以及单株干重随着播期后延而增加,拔节期之后,则随着播期延迟而降低,生长率也下降,但如积温充足,各个播期株高差异会缩小,单株叶面积和叶面积指数因衰老进程不一样,甚至会出现反超现象。可以看出早播有利于生长发育后期干物质的积累,早稻播种普遍期可适当提前到 3 月 18—22 日之间(目前播种普遍期为 3 月 25 日左右,提前 3~7 d),但应注意其分蘖期生物量会较低可能导致分蘖不足,引起有效茎数不足而减产,从最终分蘖数和分蘖百分率来看,第 1 播期也低于播种普遍期。

晚稻:第 1、第 2 和第 3 播期(播种普遍期)晚稻各方面的指标,如株高、单株叶面积和叶面积指数、生长量、单株根重、生长率、最终分蘖数和分蘖百分率等均优于第 4 和第 5 播期。因此,从生长发育方面考虑,晚稻可提前播种以避开寒露风等气象灾害,结合产量结果,晚稻在 6 月 16—21 日之间播种较为适宜,即播种普遍期可适当提前 5 d。

2.2.4　产量及产量结构分析

(1)早稻不同播期产量和产量结构分析

表 2.31 为 2012 和 2013 年双季超级早稻金优 458 的产量和产量构成情况。从表中可以看出,随着播期的后延,2012 年早稻的穗粒数、穗结实粒数、理论产量以及茎秆重均呈下降趋势,第 4 播期下降尤为显著;而与大田第 1 播期相比,后 3 个播期的籽粒千粒重均有升高趋势,

表 2.31　分期播种对超级早稻金优 458 产量和产量构成的影响

2012 年	穗粒数(粒)	穗结实粒数(粒)	空壳率(%)	秕谷率(%)	千粒重(g)	理论产量(g/m²)	实际产量(kg/hm²)	茎秆重(g/m²)	籽粒与茎秆比
第 1 播期	130	106	11.4	6.7	25.3	569.7	5 892.0	334.2	1.63
第 2 播期	122	106	7.9	5.2	26.5	540.1	5 118.0	265.8	1.89
第 3 播期	98	89	4.7	4.8	27.1	509.1	5 545.5	277.3	1.54
第 4 播期	99	86	6.3	6.3	26.4	487.6	5 564.0	237.3	1.94
2013 年	穗粒数(粒)	穗结实粒数(粒)	空壳率(%)	秕谷率(%)	千粒重(g)	理论产量(g/m²)	实际产量(kg/hm²)	茎秆重(g/m²)	籽粒与茎秆比
第 1 播期	107	90	12.5	2.7	28.6	495.5	6 975.6		
第 2 播期	96	83	12.5	1.3	28.7	524.5	5 622.6		
第 3 播期	105	82	18.9	3.0	28.5	512.6	7 911.3		
第 4 播期	105	72	26.7	4.7	27.1	504.3	6 704.1		

注:2013 年茎秆重和籽粒与茎秆比缺测

因此后 3 个播期理论产量的下降主要与穗结实粒数和大田植株密度有关。此外,随着播期的延迟,空壳率和秕谷率也降低,第 3 播期最低,而第 4 播期又有所升高,主要原因可能是前 2 个播期尤其是第 1 播期幼穗分化时期温度较低,尤其是"小满寒"危害导致幼穗分化受阻、花粉育性降低等,从而引起空壳率和秕谷率升高。而第 4 播期空壳率和秕谷率升高则是后期高温影响使花粉活性下降、空壳率增加,同时灌浆时间缩短导致秕谷率增加的结果。从实际产量来看,第 1 播期最高,而播种普遍(第 2 播期)由于分蘖期遭遇病害,导致实际产量明显下降,晚播的第 3 和第 4 播期产量相当,但均显著低于第 1 播期。因此,可以看出适当早播有利于高产。

2013 年早稻产量数据显示,随着播期的延迟,穗结实粒数和千粒重呈下降趋势,而空壳率和秕谷率均有上升的趋势,尤其是第 3 和第 4 播期空壳率显著增加,而早播早稻空壳率和秕谷率较低。第 1 播期穗粒数最高,千粒重次高,而理论产量最低,主要是因单位面积株茎数即密度低引起的。从实际产量来看,第 1 播期产量明显大于第 2 播期(播种普遍期),但低于第 3 播期;第 3 播期穗结实粒数和千粒重低于第 1 播期,其理论产量和实际产量高于第 1 播期主要是因为单位面积有效茎数较高。

结合两年数据可以看出,适当早播有利于高产,但应注意单位面积株茎数偏少会导致早播早稻减产。

(2)晚稻不同播期产量和产量结构分析

从表 2.32 可以看出,岳优 9113 第 1 播期的穗粒数与第 2 播期无明显差异,结实率第 2 播期略高,第 1 播期理论产量、实际产量、成穗率及籽粒与茎秆比较第 2 播期均明显偏低,分别低 8.6%,9.0%,13.4% 和 8.2%,而空壳率、秕谷率和茎秆重则高于第 2 播期。可以看出晚稻提前到 6 月 11 日播种并不利于高产。

表 2.32 分期播种对超级晚稻岳优 9113、岳优 286 产量和产量构成的影响

岳优 9113	穗粒数(粒)	穗结实粒数(粒)	空壳率(%)	秕谷率(%)	千粒重(g)	理论产量(g/m²)	实际产量(kg/hm²)	株成穗数(个)	成穗率(%)	茎秆重(g/m²)	籽粒与茎秆比
第 1 播期	141.4	112.8	16.8	3.4	23.87	776.4	5 362.5	7.38	77.6	532.9	1.35
第 2 播期	140.1	115.6	15.2	2.4	23.60	849.8	5 892.0	6.08	89.6	518.4	1.47
第 3 播期	161.9	120.5	19.8	5.7	23.34	806.3	5 692.5	5.29	80.4	509.2	1.45
第 4 播期	121.8	94.0	15.8	7.0	23.18	692.3	4 920.0	6.66	85.7	464.9	1.41
第 5 播期	129.6	86.3	29.9	3.5	23.54	662.1	5 182.5	5.36	88.8	522.5	0.96
岳优 286	穗粒数(粒)	穗结实粒数(粒)	空壳率(%)	秕谷率(%)	千粒重(g)	理论产量(g/m²)	实际产量(kg/hm²)	株成穗数(个)	成穗率(%)	茎秆重(g/m²)	籽粒与茎秆比
第 1 播期	119.1	94.6	16.4	4.1	23.38	765.2	8 325.0	7.86	98.0	629.2	1.43
第 2 播期	119.5	97.3	15.8	3.0	23.63	640.0	7 750.5	10.38	98.0	384.4	1.78
第 3 播期	130.2	100.3	19.4	3.6	23.67	608.9	6 589.5	10.08	97.0	419.0	1.58
第 4 播期	110.8	89.2	16.9	2.3	24.79	539.3	5 220.0	6.28	96.8	383.4	1.56
第 5 播期	110.7	86.3	18.8	3.2	24.64	509.6	5 296.5	6.41	98.0	349.7	1.63

与第 2 播期相比,第 3 播期(播种普遍期)的穗粒数和穗结实粒数均显著增加,空壳率和秕谷率也明显增加,株成穗数和成穗率降低,最终导致理论产量和实际产量分别降低了 5.1% 和 3.4%,但减产不显著。由于第 2 和第 3 播期实际产量均明显高于其他播期,因此适当提前到第 2 播期播种有利于晚稻丰产。而如果播期进一步后延(第 4 和第 5 播期),则

穗粒数和穗结实粒数显著降低,空壳率呈明显增加的趋势,从而导致理论产量和实际产量明显降低。

岳优 286 各个播期密度差异较大,第 1～5 播期分别为 412,340,296,294 和 280 茎/m²,因此第 1 播期与其他播期可比性较差,只分析第 2～5 播期。从表 2.32 中可以看出,与第 2 播期相比,第 3 播期(播种普遍期)穗粒数和穗结实粒数均大于第 2 播期,空壳率和秕谷率则有所增加,成穗数和成穗率则相当;从产量角度看,第 3 播期相比第 2 播期理论产量减少 4.9%,而实际产量减少 15%,理论产量减少不明显,而实际产量减少明显,因此播种普遍期提前到第 2 播期播种也同样有利于丰产。如果播期进一步后延到第 4 播期,则理论产量和实际产量减产幅度均会大幅增加。

(3)分期播种对产量影响小结

根据对早稻 4 个播期之间的产量和产量构成分析可知,早播早稻穗粒数、穗结实粒数较高,实际产量明显增加,所以早稻播种普遍期可适当提前到 3 月 18—22 日之间,即播种普遍期(目前播种普遍期为 3 月 25 日左右)可在目前基础上适当提前 3～7 d,有利于丰产。但早播早稻空壳率和秕谷率会较播种普遍期增加,也要注意适宜增加基本苗,避免因单位面积株茎数不足而引起的减产。

根据对晚稻 5 个播期之间产量和产量构成分析可知,第 1 播期空壳率和秕谷率稍高,穗结实粒数稍低,理论产量和实际产量也非最佳,因此晚稻提前到 6 月 11 日播种不利于高产。第 2 播期穗粒数较播种普遍期明显下降,但穗结实粒数下降不明显,而理论产量和实际产量明显增加,因此适当提前到 6 月 16 日播种则利于丰产。但晚稻播期不宜过晚(即不适宜推迟到第 4 播期),过晚播种会导致穗粒数明显下降,空壳率和秕谷率明显增加,导致理论产量和实际产量明显降低。从产量和产量构成角度,晚稻在 6 月 16—21 日之间播种较为适宜,即播种普遍期可在目前基础上适当提前 5 d。

2.2.5　超级稻高产气象条件分析

(1)气象条件对超级稻生长发育进程影响分析

1)气象条件对早稻生长发育进程影响分析

①积温对早稻播种到乳熟期生长发育进程的影响

图 2.18 为早稻金优 458 播种到乳熟期生育期天数与生长发育期间 ≥0 ℃积温的拟合关系。从图中可以看出,早稻金优 458 播种到乳熟期生育期天数与积温呈二次函数关系,且通过了 0.01 水平的显著性检验。对生育期天数与积温拟合方程求一阶导数,结果显示当积温为 2 104.4 ℃·d 时,早稻播种到乳熟期生育期天数最短,为 89.3 d;积温低于和高于 2 104.4 ℃·d,生育期均会延长。以积温 2 104.4 ℃·d 为临界点,对低于和高于 2 104.4 ℃·d 数据点开展分段线性拟合,显示当积温低于 2 104.4 ℃·d 时,积温每下降 100 ℃·d,生育期延长 7.9 d;当积温高于 2 104.4 ℃·d 时,积温每增加 100 ℃·d,生育期延长 11.7 d,临界点后积温增加对生育期延长效应更加显著。在实际生产中,往往会遇到温度越高(高温年),产量越高,而低温年减产的情况,这与生育期天数与积温呈二次函数关系是相对应的。

②日平均气温对早稻播种到乳熟期发育进程的影响

图 2.19 为早稻金优 458 播种到乳熟期生育期天数与生长发育期间日平均气温的拟合关系,拟合方程通过了 0.05 水平的显著性检验。从图 2.19 中可以看出,早稻生育期天数与生长

发育期间日平均气温呈线性负相关,日平均气温每增加 1 ℃时,生育期缩短约 4.3 d。

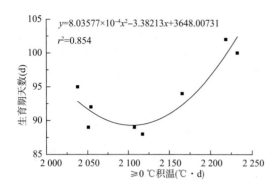

图 2.18　早稻金优 458 播种到乳熟期
生育期天数与积温拟合曲线

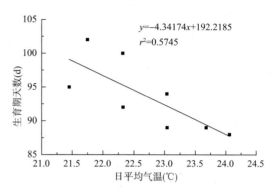

图 2.19　早稻金优 458 播种到乳熟期
生育期天数与日平均气温拟合关系

③日平均最高气温对早稻播种到乳熟期生长发育进程的影响

图 2.20 为早稻金优 458 播种到乳熟期生育期天数与生长发育期间日平均最高气温的拟合关系。从图中可以看出,早稻生育期天数与生长发育期间日平均最高气温也呈线性负相关,日平均最高气温每增加 1 ℃时,生育期缩短约 3.7 d。

④日平均最低气温对早稻播种到乳熟期生长发育进程的影响

图 2.21 为早稻金优 458 播种到乳熟期生育期天数与生长发育期间日平均最低气温的拟合关系,拟合方程通过了 0.05 水平的显著性检验。从图中可以看出,早稻生育期天数与生长发育期间日平均最低气温也呈线性负相关,日平均最低气温每增加 1 ℃时,生育期缩短约 4.5 d。综合图 2.19～图 2.21,从拟合方程看,早稻金优 458 播种到乳熟期生育期天数与日平均最低气温的拟合度最高,其次为日平均气温,第三为日平均最高气温。从对生育期天数的影响程度来看,日平均最低气温每增加 1 ℃,生育期缩短约 4.5 d,影响最大。

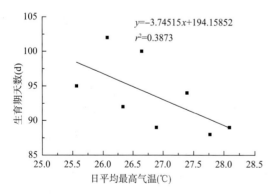

图 2.20　早稻金优 458 播种到乳熟期
生育期天数与日平均最高气温拟合关系

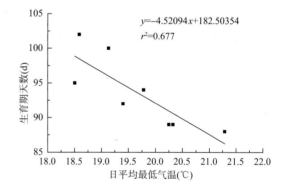

图 2.21　早稻金优 458 播种到乳熟期
生育期天数与日平均最低气温拟合关系

⑤气温日较差对早稻播种到乳熟期发育进程的影响

图 2.22 为早稻金优 458 播种到乳熟期生育期天数与生长发育期间气温日较差拟合关系,相关方程均通过了 0.05 水平的显著性检验。从图中可以看出,2012 年早稻播种到乳熟期生育期天数与气温日较差呈显著线性负相关,气温日较差每增加 0.1 ℃,生育期缩短约 4.6 d(y_3

方程)。2013 年早稻金优 458 播种到乳熟期生育期天数与气温日较差呈线性正相关,气温日较差每增加 0.5 ℃,生育期延长约 5.8 d。

对两年数据开展二次曲线拟合,并对拟合方程(y_1 方程)求一阶导数显示,气温日较差 7.3 ℃为临界点,当气温日较差小于 7.3 ℃时(2013 年数据,对应 y_2 方程),随气温日较差增加则生育期延长;当气温日较差大于 7.3 ℃时(2012 年数据,对应 y_3 方程),生育期则随着气温日较差的增加而缩短。

⑥日平均降水量对早稻播种到乳熟期生长发育进程的影响

图 2.23 为早稻金优 458 播种到乳熟期生育期天数与生长发育期间日平均降水量的拟合曲线,呈二次函数关系,且通过了 0.01 水平的显著性检验。对生育期天数与日平均降水量拟合方程求一阶导数,结果显示当日平均降水量为 8.4 mm 时,早稻播种到乳熟期生育期天数最短,为 89.2 d。日平均降水量低于和高于 8.4 mm,生育期均会延长。以日平均降水量 8.4 mm 为临界点,对低于和高于 8.4 mm 数据点开展分段线性拟合,显示当日平均降水量低于 8.4 mm 时,日平均降水量每下降 0.1 mm,生育期延长 2.8 d;当日平均降水量高于 8.4 mm 时,日平均降水量每增加 0.1 mm,生育期延长 2.9 d。在临界点前后,日平均降水量增加和降低对生育期的影响相当。

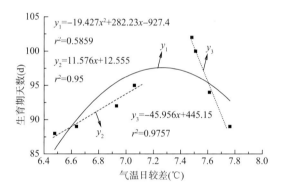

图 2.22　早稻金优 458 播种到乳熟期
生育期天数与气温日较差拟合关系

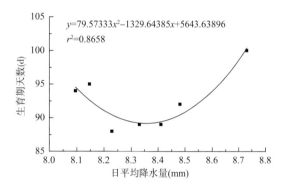

图 2.23　早稻金优 458 播种到乳熟期
生育期天数与日平均降水量拟合曲线

⑦日平均日照时数对早稻播种到乳熟期发育进程的影响

图 2.24 为早稻金优 458 播种到乳熟期生育期天数与生长发育期间日平均日照时数的拟合曲线,呈二次函数关系,且通过了 0.01 水平的显著性检验。对生育期天数与日平均日照时数拟合方程求一阶导数,结果显示当日平均日照时数为 3.3 h 时,早稻播种到乳熟期生育期天数最短,为 87.9 d。以日平均日照时数 3.3 h 为临界点,对低于和高于 3.3 h 数据点分段开展线性拟合,显示当日平均日照时数低于 3.3 h 时,日照时数每下降 0.1 h,生育期延长约 3.6 d;当日平均日照时数高于 3.3 h 时,日照时数每增加 0.1 h,生育期延长约 2.4 d。显然,当日平均日照时数低于 3.3 h 时,日照时数的进一步下降对生育期影响更明显。

⑧阴雨日数对早稻播种到乳熟期生长发育进程的影响

图 2.25 为早稻金优 458 播种到乳熟期生育期天数与生长发育期间阴雨日数(日照时数为 0 h 的天数)的拟合关系,通过了 0.05 水平的显著性检验。从图中可以看出,生育期长短与阴雨日数呈线性正相关,生长发育期间阴雨日数每增加 1 d,生育期相应延长约 0.55 d。

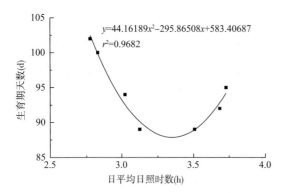

图 2.24　早稻金优 458 播种到乳熟期
生育期天数与日平均日照时数拟合曲线

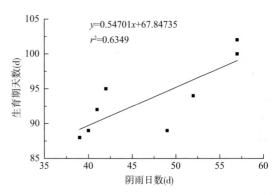

图 2.25　早稻金优 458 播种到乳熟期
生育期天数与阴雨日数拟合关系

2）气象条件对晚稻生长发育进程影响分析

①积温对晚稻播种到乳熟期生长发育进程的影响

图 2.26 为晚稻岳优 9113 和岳优 286 播种到乳熟期生育期天数与生长发育期间 ≥0 ℃ 积温的拟合关系，均通过了 0.01 水平的显著性检验。图中 y_1 方程对应 2012 年岳优 9113 数据（实线），y_2 方程对应 2013 年岳优 286 数据（虚线）。从图中可以看出，两品种生育期天数对积温的响应完全不同，岳优 9113 呈二次曲线关系，分析拟合方程，对 y_1 求一阶导数显示，当积温为 2 686.7 ℃·d 时，生育期天数最短，为

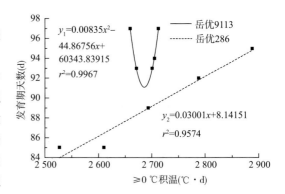

图 2.26　晚稻岳优 9113 和岳优 286 播种
到乳熟期生育期天数与积温拟合关系

91.1 d。岳优 286 的生育期天数与积温则呈线性正相关，积温每增加 100 ℃·d，生育期延长约 3 d。

②气温对晚稻播种到乳熟期生长发育进程的影响

图 2.27 为晚稻岳优 9113 和岳优 286 播种到乳熟期生育期天数与日平均气温、日平均最高气温、日平均最低气温和气温日较差的拟合关系。从图中可以看出，晚稻岳优 9113 播种到乳熟期生育期天数与日平均气温、日平均最高气温、日平均最低气温和气温日较差均呈线性负相关，且均通过了 0.05 水平的显著性检验。从拟合度可以看出，气温日较差与岳优 9113 生育期天数相关度最高，气温日较差每增加 1 ℃，生育期缩短约 3.2 d；而在温度三要素中，日平均最低气温对生育期天数影响更大，日平均最低气温每增加 1 ℃，生育期缩短约 2.9 d。

与岳优 9113 不同，晚稻岳优 286 播种到乳熟期生育期天数与日平均气温、日平均最高气温、日平均最低气温和气温日较差均呈线性正相关，日平均气温和日平均最低气温未通过 0.05 水平的显著性检验，其余通过了 0.05 水平的显著性检验。从拟合度可以看出，气温日较差与生育期天数相关度同样最高，气温日较差每增加 0.1 ℃，生育期延长约 5.6 d；而在温度三要素中，日平均最低气温对生育期天数影响更大，日平均最低气温每增加 1 ℃，生育期延长约 15 d。

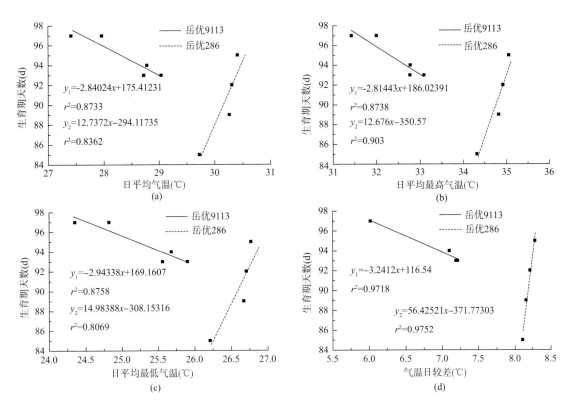

图 2.27 晚稻岳优 9113 和岳优 286 播种到乳熟期生育期天数与日平均气温、
日平均最高气温、日平均最低气温以及气温日较差的拟合关系

岳优 9113 和岳优 286 对温度响应情况的不同可能更多与气象要素本身有关,2012 年气温各要素普遍较低,其日平均气温均在 29.5 ℃以下,日平均最高气温在 33.5 ℃以下,气温日较差在 7.5 ℃以下,而 2013 年气温日较差则在 8.0 ℃以上。对两年的数据进行曲线拟合,可以发现:当日平均气温≤29.8 ℃、日平均最高气温≤34.1 ℃、日平均最低气温≤26.4 ℃、气温日较差<7.5 ℃时,生育期天数与上述因子呈正相关;而当各要素大于临界值时,生育期天数与上述因子呈负相关。

③降水量对晚稻播种到乳熟期生长发育进程的影响

图 2.28 为晚稻岳优 9113 和岳优 286 播种到乳熟期生育期天数与日平均降水量的拟合关系。从图中可以看出,晚稻岳优 9113 播种到乳熟期生育期天数与日平均降水量呈线性负相关(y_1 方程,通过了 0.05 水平的显著性检验),日平均降水量每增加 0.5 mm,生育期缩短约 8.2 d。而岳优 286 则呈线性正相关(y_2 方程),降水对该品系的生育期影响较小,日平均降水量每增加 0.5 mm,生育期延长约 0.9 d。对两年的数据进行拟合发现(y_3 方程),日平均降水量与生育期天数呈二次曲线关系,且通过了 0.01 水平的显著性检验,对方程进行求一阶导数显示,日平均降水量为 4.6 mm 时,生育期最长,日平均降水量过高和过低生育期均会缩短。

④日照时数对晚稻播种到乳熟期生长发育进程的影响

图 2.29 为晚稻岳优 9113 和岳优 286 播种到乳熟期生育期天数与日平均日照时数的拟合关系。对两年的日平均日照时数和生育期天数进行拟合发现,晚稻播种到乳熟期生育期天数

与日平均日照时数呈线性正相关(通过了 0.05 水平的显著性检验),日平均日照时数每增加 1 h,生育期增加约 3.1 d。

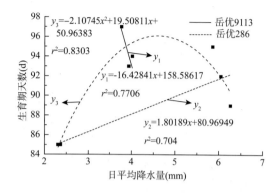

图 2.28　晚稻岳优 9113 和岳优 286 播种到乳熟期生育期天数与日平均降水量拟合关系

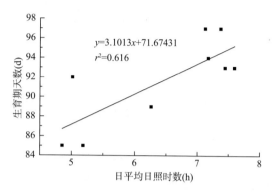

图 2.29　晚稻岳优 9113 和岳优 286 播种到乳熟期生育期天数与日平均日照时数拟合关系

⑤阴雨日数对晚稻播种到乳熟期发育进程的影响

图 2.30 为晚稻岳优 9113 和岳优 286 播种到乳熟期生育期天数与期间总的阴雨日数(日照时数为 0 h 的天数)的拟合关系。图中显示,2012 年岳优 9113 的 5 个播期生长发育期间阴雨日数为 13～16 d,较 2013 年明显偏少,单独对 2012 年数据拟合显示阴雨日数与生育期无明显相关关系,即当阴雨日数小于 16 d 时,其对生育期影响较小。2013 年岳优 286 生长发育期间阴雨日数较多,均大于 30 d,可以看出生育期天数与阴雨日数呈极显著线性正相关(y_1 方程),阴雨日数每增加 1 d,生育期延长约 2.5 d。

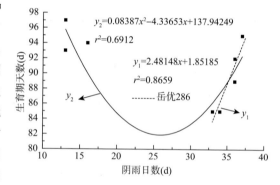

图 2.30　晚稻岳优 9113 和岳优 286 播种到乳熟期生育期天数与阴雨日数拟合关系

对两年的数据进行拟合显示(y_2 方程),阴雨日数的临界点为 26 d,超过 26 d,生育期将随阴雨日数增加而显著延长。

3)2012 和 2013 年早、晚稻生长发育期间气象要素比较

①两年早稻分期播种气象要素差异性分析

图 2.31 为早稻金优 458 的 2012 和 2013 年生育期天数和生长发育期间气象要素均值对比图,其中日平均降水量统计时段为移栽到成熟期,其余为播种到成熟期。从图中可以看出,2012 和 2013 年早稻 4 个播期的总的生育期天数基本一致,第 2 播期两年生育期天数一致,第 4 播期 2013 年较 2012 年短 3 d,其余相差 1 d。从生长发育期间≥0 ℃活动积温来看,除第 1 播期两年积温基本一致外,第 2～4 播期 2012 年早稻生长发育期间积温比 2013 年高 59.0～103.1 ℃·d,且随着播期延迟差异增大。从温度三要素来看,2012 年早稻 4 个播期生长发育期间日平均气温均大于 2013 年,而且主要是日平均最低气温偏高导致的,日平均最高气温则两年相当。2013 年气温日较差和日平均降水量显著大于 2012 年,而且随着播期延迟差异增大。日平均日照时数 2012 年显著大于 2013 年,各播期之间差异相当。阴雨日数 2013 年明显多于 2012 年。

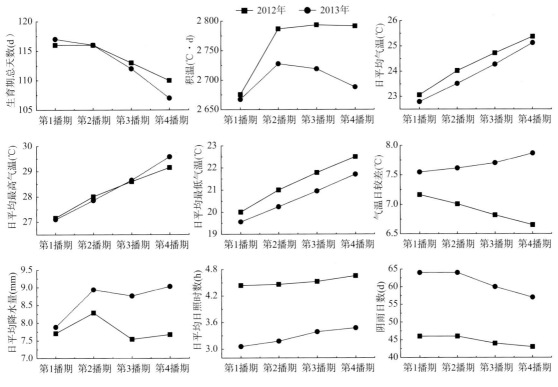

图 2.31 早稻金优 458 生长发育期间各气象要素对比

②两年晚稻分期播种气象要素差异性分析

图 2.32 为超级晚稻 2012 和 2013 年生育期天数和生长发育期间气象要素均值对比图，其中日平均降水量统计时段为移栽到成熟期，其余为播种到成熟期。从图中可以看出，2012 年晚稻 5 个播期的生育期总天数明显比 2013 年的长，同比延长了 4～11 d。从生长发育期间≥0 ℃活动积温来看，第 1 播期 2012 年积温显著低于 2013 年，第 2 播期相当，第 3～5 播期 2012 年比 2013 年高 12.5～33.2 ℃·d。总体而言，除第 1 播期外，两年积温相当。从气温三要素看，2013 年日平均气温、日平均最高气温和日平均最低气温均显著大于 2012 年，而且第 4 和第 5 播期差异增大。2013 年气温日较差也显著大于 2012 年，且呈两头播期年度差异大，中间播期年度差异相对较小的趋势。日平均降水量和日平均日照时数 2012 年显著大于 2013 年，日平均降水量第 1 和第 5 播期年度差异显著大于其余播期，日平均日照时数各播期之间年度差异相当。阴雨日数 2013 年明显多于 2012 年。

③年际间产量差异性分析

从图 2.33 可以看出，不论是早稻还是晚稻，2013 年产量均显著大于 2012 年。早稻两年差异最大的为第 3 播期；晚稻则随着播期后延，两年差异呈逐渐减小的趋势。对早稻而言，两年生育期天数相当，2013 年的日平均气温和日平均最低气温均偏低，但气温日较差显著大于 2012 年；不利因素方面，2013 年积温、平均日照时数较低，而降水量和阴雨日数显著大于 2012 年。因此，其最终产量显著大于 2012 年主要原因可能是其较高的气温日较差和积温。

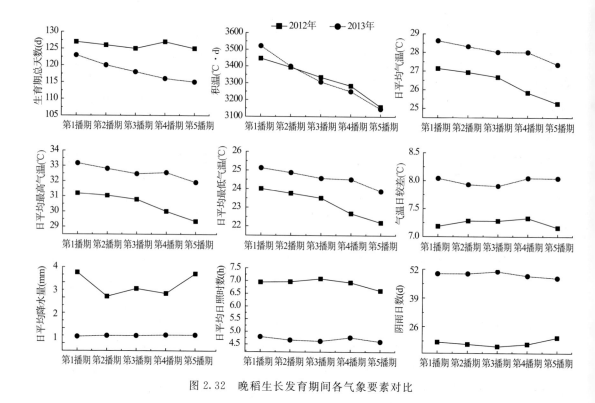

图 2.32　晚稻生长发育期间各气象要素对比

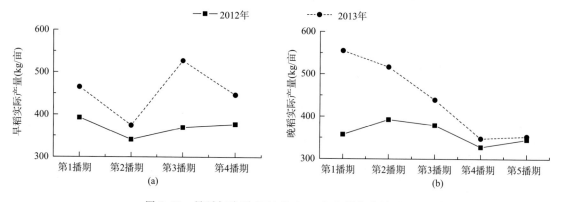

图 2.33　早稻与晚稻 2012 和 2013 年各播期产量对比

对晚稻而言,2013 年生育期天数较短,但两年积温相当,2013 年的温度条件和气温日较差均显著大于 2012 年,降雨量偏少,日照时数也偏少,阴雨日数增多,因此 2013 年晚稻产量较高主要原因可能仍然是其较高的气温日较差。

(2)气象条件对超级稻产量影响分析

1)生育期天数与超级稻产量关联分析

从图 2.34 可以看出,早稻生育期天数与产量呈弱的线性负相关,早稻生育期过长产量反而更低,但未通过显著性检验。而晚稻实际产量与生育期天数呈二次曲线关系,且通过了0.01 水平的显著性检验,对二次方程求导数显示,当生育期天数为 121 d 时,晚稻实际产量最高,生育期过长或者过短,产量均会下降。

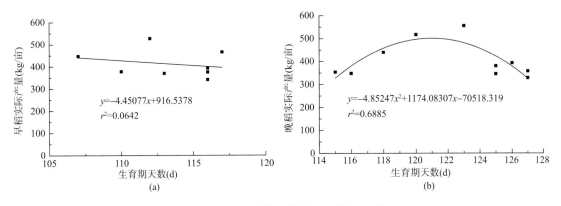

图 2.34　水稻生育期天数与产量的拟合关系

2）积温与超级稻产量关联分析

从图 2.35 可以看出，早、晚稻实际产量与积温均呈线性关系，其中晚稻通过了 0.05 水平的显著性检验，所不同的是，早稻产量与积温呈线性负相关，积温每增加 100 ℃·d，每亩产量减少 69.4 kg，这可能是因为早稻生长发育期间尤其是生长发育后期日平均气温普遍偏高，气温日较差小，播期较晚的早稻生长发育期间积温更高，全生育期日平均气温也更高，气温日较差相对更小，导致生育期缩短和出现高温逼熟现象，从而使产量下降；而晚稻产量与积温呈线性正相关，积温每增加 100 ℃·d，每亩产量增加 43.4 kg，晚稻生长发育期间日平均气温较低，气温日较差大，因此积温越高意味着其生育期更长，产量更高。显然，早稻生长发育期间积温过高对产量的不利影响要大于晚稻生长发育期间积温不足的影响。

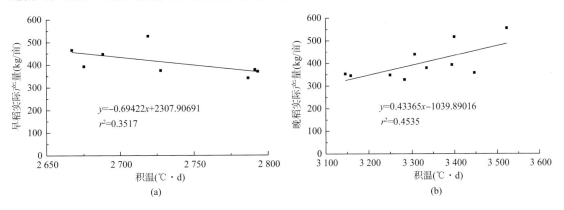

图 2.35　水稻播种到成熟期间积温与产量的拟合关系

3）气温与早稻产量关联分析

图 2.36 为早稻生长发育期间日平均气温、日平均最高气温、日平均最低气温及气温日较差与实际产量的线性拟合关系。可以看出，早稻实际产量与气温日较差相关度最高，气温日较差每增加 0.1 ℃，每亩产量增加 9.56 kg。早稻实际产量与日平均气温、日平均最高气温、日平均最低气温等均呈弱的线性相关，其相关度呈日平均最低气温＞日平均最高气温＞日平均气温，其中与日平均气温和日平均最低气温呈线性负相关，与日平均最高气温呈线性正相关。

4）气温与晚稻产量关联分析

图 2.37 为晚稻实际产量与生长发育期间日平均气温、日平均最高气温、日平均最低气温

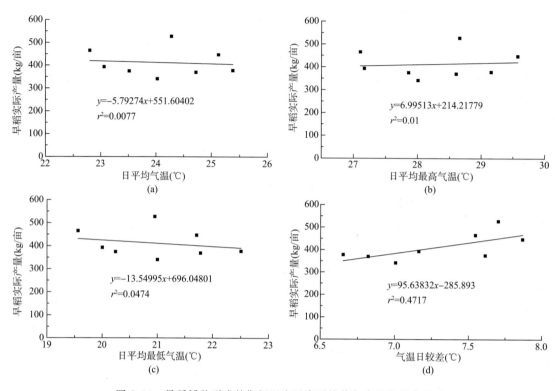

图 2.36　早稻播种到成熟期间温度要素平均值与产量的拟合关系

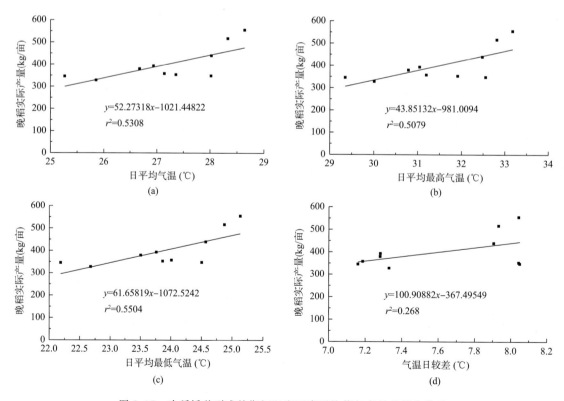

图 2.37　晚稻播种到成熟期间温度要素平均值与产量的拟合关系

及气温日较差的线性拟合关系,其中实际产量与日平均气温、日平均最高气温、日平均最低气温均通过了 0.05 水平的显著性检验。与早稻不同,与晚稻实际产量线性相关度最高的为日平均最低温度,其次为日平均气温,与气温日较差拟合度最低。可以看出,晚稻产量与温度要素均呈线性正相关,温度要素每增加 1 ℃,每亩产量增加 43.9～61.7 kg,气温日较差每增加0.1 ℃,每亩产量增加 10.1 kg。

5)降水与晚稻产量关联分析

图 2.38 为晚稻实际产量与生长发育期间的日平均降水量的拟合关系。图中显示,晚稻实际产量与日平均降水量呈线性负相关,从拟合方程可以看出,日平均降水量每增加 1 mm,晚稻每亩产量降低37.8 kg。

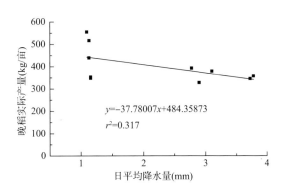

图 2.38　晚稻移栽到成熟期间日平均
降水量与产量的拟合关系

(3)超级稻高产气象条件分析小结

早稻生育期:金优 458 播种到乳熟期生育期天数与≥0 ℃积温呈二次函数关系,当积温低于 2 104.4 ℃·d 时,积温每下降 100 ℃·d,生育期延长 7.9 d;当积温高于 2 104.4 ℃·d 时,积温每增加 100 ℃·d,生育期延长 11.7 d。金优 458 播种到乳熟期生育期天数与日平均气温、日平均最高气温、日平均最低气温均呈线性负相关,与阴雨日数呈线性正相关,其中与日平均最低气温相关度最高,其次为阴雨日数。日平均最低气温每增加 1 ℃,生育期缩短约 4.5 d,阴雨日数每增加 1 d,生育期延长约 0.55 d。当气温日较差小于7.3 ℃时,随着气温日较差的增加金优 458 生育期延长,而当气温日较差大于 7.3 ℃时,气温日较差的进一步增加会导致生育期急剧缩短。

晚稻生育期:岳优 286 播种到乳熟期的生育期天数与≥0 ℃积温呈线性正相关,积温每增加100 ℃·d,生育期延长约 3 d。晚稻播种到乳熟期生育期天数与日平均气温、日平均最高气温、日平均最低气温和气温日较差均呈线性相关,当日平均气温≤29.8 ℃、日平均最高气温≤34.1 ℃、日平均最低气温≤26.4 ℃、气温日较差≤7.5 ℃时,生育期天数与上述因子呈正相关;而当各要素大于上述值时,生育期天数与上述因子呈负相关。气温日较差对晚稻生育期天数影响最大。晚稻生育期天数与阴雨日数呈二次曲线关系,阴雨日数超过 26 d,生育期将随阴雨日数增加而显著延长。

早、晚稻产量:2013 年早、晚稻各个播期实际产量均大于 2012 年,丰产的主要原因是 2013年早、晚稻生长发育期间气温日较差较大。

对早稻实际产量影响最大的为气温日较差和积温(线性相关度最高),气温日较差每增加0.1 ℃,每亩产量增加 9.56 kg,积温每增加 100 ℃·d,每亩产量减少 69.4 kg。对晚稻实际产量影响最大的为日平均最低气温,日平均最低气温每增加 1 ℃,每亩产量增加 61.7 kg。与早稻不同,晚稻产量与积温呈线性正相关,积温每增加 100 ℃·d,每亩产量增加 43.4 kg。

2.3　韶关分期播种结果分析

2.3.1　试验概述

(1)试验地点及材料

试验地点位于韶关市农业科学研究所试验基地(地理位置:113°22′E,24°25′N;海拔高度:69.3 m)。土壤属黏沙壤,肥力中等,水稻土。

早稻供试品种:陵两优268(国审稻2008008),属籼型两系杂交稻。在长江中下游作双季早稻种植,全生育期平均112.2 d。

晚稻供试品种:深优9516(粤审稻2010042),属感温型三系杂交稻组合。全生育期平均112~116 d。

(2)试验设计

韶关地区2012—2013年早、晚稻均分为3个播期,播种期与收获期见表2.33和表2.34,栽插规格为5寸*×6寸。

表 2.33　韶关地区早稻分期播种时间表

年份	第1播期(月/日)		第2播期(月/日)		第3播期(月/日)	
	播种期	收获期	播种期	收获期	播种期	收获期
2012	3/5	6/29	3/15	7/6	3/25	7/13
2013	3/8	7/6	3/15	7/8	3/25	7/13

表 2.34　韶关地区晚稻分期播种时间表

年份	第1播期(月/日)		第2播期(月/日)		第3播期(月/日)	
	播种期	收获期	播种期	收获期	播种期	收获期
2012	6/21	10/25	7/6	11/12	7/11	11/20
2013	6/21	10/24	7/6	11/11	7/11	11/22

田间分期播种试验设4个重复,四周设保护行,小区面积约66.7 m²,土壤肥力中上,试验田排灌良好且靠近当地气象观测站。

田间观测严格根据试验要求,各观测项目参照《农业气象观测规范》[1]进行,观测项目包括生育期、生长状况、产量结构等。其中,生育期主要包括播种期、三叶期、移栽期、分蘖期、拔节期、孕穗期、抽穗期、乳熟期、成熟期。生长状况观测包括高度、密度。产量结构主要包括穗粒数、穗结实粒数、空壳率、秕谷率、结实率、千粒重等。

2.3.2　产量结构分析

(1)早稻产量结构分析

2012—2013年韶关地区早稻陵两优268的6个不同播期的产量结构数据见表2.35。从

---

*　1寸=3.33 cm,下同

表中的数据可知,不同年份间,产量结构与播期有所差异。2012 年穗粒数、穗结实粒数、结实率、1 m² 产量以第 2 播期最高;2013 年随着播期的推迟,结实率、千粒重、1 m² 产量均呈减少趋势。穗粒数、穗结实粒数、空壳率、秕谷率、籽粒与茎秆比规律不明显。2013 年穗粒数、穗结实粒数、结实率、空壳率、秕谷率、籽粒与茎秆比均优于 2012 年。2013 年较 2012 年平均穗粒数高 15.2 粒,穗结实粒数高 21.6 粒,结实率高 6.4 个百分点,空壳率低 6.6 个百分点,秕谷率低 0.9 个百分点,而千粒重 2013 年较 2012 年偏低 1.4 g。

表 2.35 2012—2013 年韶关地区早稻产量结构表

年份	播期	穗粒数(粒)	穗结实粒数(粒)	结实率(%)	空壳率(%)	秕谷率(%)	籽粒与茎秆比	千粒重(g)	1 m² 产量(g)
2012	1	118.6	96.5	81.4	16.2	2.4	0.57	26.8	712.8
	2	127.5	116.7	91.5	7.2	1.3	0.54	27.4	765.6
	3	113.2	97.3	85.9	13.1	1.0	0.60	27.6	663.9
平均		119.8	103.5	86.3	12.2	1.6	0.57	27.3	714.1
2013	1	132.0	126.8	96.1	3.6	0.3	1.50	26.6	648.3
	2	135.9	124.5	91.6	7.7	0.7	1.39	26.1	621.3
	3	137.1	124.0	90.5	8.6	1.0	1.70	24.9	560.5
平均		135.0	125.1	92.7	6.6	0.7	1.53	25.9	610.0

同一年份、不同播期之间,总体而言是产量结构随着播期的推迟而变差。1 m² 产量 2012 年优于 2013 年,2012 年是第 2 播期的产量结构相对最好,其次是第 1 播期;2013 年是第 1 和第 2 两个播期的产量较高。结合不同播期的播种日期及不同播期的产量可知,韶关地区两系杂交稻陵两优 268 的最适宜播期为 3 月上旬至中旬。

(2)晚稻产量结构分析

2012—2013 年晚稻深优 9516 的 6 个不同播期的产量结构数据见表 2.36。由表中数据可知,不同年份、不同播期的产量结构因子存在一定差异。不同年份之间,产量结构差异主要表现在穗粒数、穗结实粒数的差异。同品种的晚稻,2013 年的平均穗粒数较 2012 年高 34.2 粒,穗结实粒数高 30.0 粒,其他产量结构因子差别不大。不同年份、不同播期均表现为第 1 播期的产量结构最好,第 3 播期最差。其中,穗粒数、穗结实粒数、1 m² 产量均表现为随着播期的推迟而呈减少趋势,而空壳率、秕谷率则随着播期的推迟呈增大趋势。由此可知,不同年份,播期越迟,产量结构相对越差。

同一年份、不同播期之间,差异明显,特别是第 1 和第 3 播期。差异主要表现在穗结实粒数、结实率、空壳率方面。2012 和 2013 年第 3 播期比第 1 播期穗结实粒数分别低 10.5% 和 4.2%,结实率分别低 3.9 和 2.9 个百分点,空壳率分别高 3.8 和 2.0 个百分点。

韶关地区 2013 年晚稻 1 m² 产量优于 2012 年,且均随着播期的推迟有减少趋势。均是第 1 播期的产量最高,穗结实粒数、千粒重、籽粒与茎秆比亦是如此。结合不同播期的播种日期可知,韶关地区感温型三系杂交稻深优 9516 的较适宜播期为 6 月下旬。

表 2.36　2012—2013 年韶关地区晚稻产量结构表

年份	播期	穗粒数（粒）	穗结实粒数（粒）	结实率（%）	空壳率（%）	秕谷率（%）	籽粒与茎秆比	千粒重（g）	1 m² 产量（g）
2012	1	139.2	118.0	84.8	13.5	1.7	0.81	27.2	981.3
	2	135.9	117.2	86.3	12.4	1.3	0.74	26.9	755.8
	3	130.6	105.6	80.9	17.3	1.8	0.78	27.0	727.9
平均		135.2	113.6	84.0	14.4	1.6	0.78	27.0	821.7
2013	1	169.2	146.5	86.6	11.8	1.6	0.89	27.5	973.8
	2	171.3	143.8	84.0	13.4	2.7	0.73	27.0	833.8
	3	167.8	140.4	83.7	13.8	2.5	0.78	26.6	766.2
平均		169.4	143.6	84.8	13.0	2.3	0.80	27.0	857.9

2.3.3　韶关地区超级稻高产气象条件分析

（1）早稻气象条件分析

2012—2013 年韶关地区早稻不同播期、不同生育期的温光数据见表 2.37 和表 2.38。其中，表 2.37 是两年各播种期主要生育期的积温数据，表 2.38 是日照时数数据。从表中数据可知，

表 2.37　2012—2013 年韶关地区早稻不同生育期≥0 ℃活动积温数据　　　　单位：℃·d

年份	播期	播种—出苗	出苗—三叶	三叶—移栽	移栽—返青	返青—分蘖	分蘖—拔节	拔节—孕穗	孕穗—抽穗	抽穗—成熟	全生育期
2012	1	105.5	284.4	103.0	87.7	202.9	448.5	158.7	307.0	931.3	2 629.0
	2	83.7	239.3	270.4	84.6	177.3	356.1	326.2	229.4	952.1	2 719.1
	3	74.2	262.7	290.3	79.9	206.4	255.0	338.7	260.0	970.9	2 738.1
平均		87.8	262.1	221.2	84.1	195.5	353.2	274.5	265.5	951.4	2 695.4
2013	1	83.9	256.2	219.4	77.0	249.9	414.6	301.8	248.5	904.6	2 755.9
	2	79.6	330.9	124.8	118.9	279.7	304.7	309.1	217.3	909.6	2 674.6
	3	63.7	248.3	234.3	102.5	192.9	446.3	223.2	205.4	900.9	2 617.5
平均		75.7	278.5	192.8	99.5	240.8	388.5	278.0	223.7	905.0	2 682.7

表 2.38　2012—2013 年韶关地区早稻不同生育期日照时数数据　　　　单位：h

年份	播期	播种—出苗	出苗—三叶	三叶—移栽	移栽—返青	返青—分蘖	分蘖—拔节	拔节—孕穗	孕穗—抽穗	抽穗—成熟	全生育期
2012	1	0.0	65.0	30.6		26.7	77.0	26.0	59.2	134.8	419.3
	2	5.6	79.9	33.7	3.1	23.7	76.4	50.9	26.1	177.3	476.7
	3	26.7	48.4	37.1	0.0	44.6	41.7	65.2	36.2	214.4	514.3
平均		10.8	64.4	33.8	1.0	31.7	65.0	47.4	40.5	175.5	470.1
2013	1	28.9	35.4	5.6	6.2	40.9	21.7	37.9	61.2	228.9	466.7
	2	8.9	23.5	21.0	27.2	7.7	22.1	49.2	52.0	235.2	446.9
	3	0.0	11.8	40.9	4.2	3.2	53.3	60.1	31.0	266.2	470.7
平均		12.6	23.6	22.5	12.5	17.3	32.4	49.1	48.1	243.4	461.4

2012 年的温光条件随着播期的推迟呈增加趋势,2013 年的积温随着播期的推迟呈减少趋势,日照时数规律不明显。3 个播期的平均温光条件,2012 年略多于 2013 年,其中全生育期平均积温 2012 年较 2013 年多 12.7 ℃·d,平均日照时数 2012 年较 2013 年多 8.7 h。

不同年份、相同生育期所需的温光条件,不同年份之间存在差异,相同年份、不同生育期之间规律不明显。由表中的温光数据可知,韶关地区陵两优 268 全生育期所需的积温均在 2 600 ℃·d 以上,日照时数均在 400 h 以上。结合表 2.35 中的产量结构数据可知,陵两优 268 在韶关地区获得高产、稳产的最适宜的温光条件为:全生育期积温 2 700 ℃·d 左右,日照时数在 400 h 以上。

(2)晚稻气象条件分析

2012—2013 年韶关地区晚稻 6 个不同播期、不同生育期的温光数据见表 2.39 和表 2.40。其中,表 2.39 为不同年份主要生育期的≥0 ℃活动积温数据,表 2.40 为日照时数数据。从两表中的数据可知,不同年份、相同播期所需要的积温与日照时数存在一定的差异,相同播期的温光条件,2013 年的积温较 2012 年的高,日照时数较 2012 年的低。同一年份、不同播期,2012 年的积温与日照时数均随着播期的推迟而呈减少趋势;2013 年的积温没有明显规律,日照时数随播期的推迟呈减少趋势。同一年份、不同生育期的积温与日照条件存在差异,但无明显规律。

表 2.39　2012—2013 年韶关地区晚稻不同生育期的积温数据　　　　单位:℃·d

年份	播期	播种—出苗	出苗—三叶	三叶—移栽	移栽—返青	返青—分蘖	分蘖—拔节	拔节—孕穗	孕穗—抽穗	抽穗—成熟	全生育期
2012	1	75.3	276.6	489.6	108.3	249.7	549.8	380.4	295.5	831.1	3 256.3
	2	85.3	264.3	491.1	111.5	225.4	596.6	408.6	245.2	741.1	3 169.1
	3	60.3	255.8	518.4	111.3	225.0	589.9	374.2	238.9	782.1	3 155.9
平均		73.6	265.6	499.7	110.4	233.4	578.8	387.7	259.9	784.8	3 193.8
2013	1	82.7	230.5	537.9	110.9	106.6	615.5	520.1	219.2	851.8	3 275.5
	2	55.3	229.0	553.8	119.9	115.6	623.4	373.1	314.8	818.5	3 203.4
	3	60.0	191.7	595.2	85.0	123.9	659.1	411.6	325.2	775.3	3 227.0
平均		66.0	217.1	562.3	105.3	115.4	632.7	435.0	286.4	885.2	3 235.3

表 2.40　2012—2013 年韶关地区晚稻不同生育期的日照时数数据　　　　单位:h

年份	播期	播种—出苗	出苗—三叶	三叶—移栽	移栽—返青	返青—分蘖	分蘖—拔节	拔节—孕穗	孕穗—抽穗	抽穗—成熟	全生育期
2012	1	0.0	66.3	148.5	8.4	58.2	134.5	101.7	85.3	257.4	860.3
	2	26.3	83.8	93.1	38.9	60.2	150.3	82.4	100.7	207.9	843.6
	3	23.6	68.6	108.1	30.9	56.7	150.4	81.3	94.0	219.5	833.1
平均		16.6	72.9	116.6	26.1	58.4	145.1	88.5	93.3	228.3	845.7
2013	1	19.8	57.4	148.3	28.6	25.0	162.1	85.2	74.4	237.0	837.8
	2	13.5	60.0	147.2	44.6	35.2	80.0	125.7	67.4	232.5	806.1
	3	21.7	31.0	177.3	23.6	0.8	127.5	111.3	96.5	219.1	809.1
平均		18.3	49.5	157.7	32.3	20.3	123.2	107.4	79.4	229.5	817.7

结合表 2.36 中不同年份、不同播期的产量结构数据可知,深优 9516 在韶关地区获得高产、稳产的较适宜温光条件是:全生育期积温约 3 200 ℃·d,日照时数约 800 h。

2.3.4　小结

(1)双季早稻播期安排:通过对 2012—2013 年韶关地区陵两优 268 不同年份、不同播期的产量结构分析可知,同一年份、不同播期,产量结构随着播期的推迟而变差。2012 年是第 2 播期的产量结构表现最好,其次是第 1 播期;2013 年是第 1 和第 2 两个播期的产量较高。结合不同播期的播种日期及不同播期的产量可知,韶关地区两系杂交稻陵两优 268 的最适宜播期为 3 月上旬至中旬。

(2)双季晚稻播期安排:由 2012—2013 年晚稻深优 9516 不同播期的产量结构可知,韶关地区 2013 年的晚稻产量优于 2012 年。穗结实粒数、千粒重、籽粒与茎秆比、1 m² 产量均是第 1 播期的表现最好。结合不同播期的播种日期可知,韶关地区感温型三系杂交稻深优 9516 的较适宜播期为 6 月下旬。

(3)双季早稻高产气象条件:2012—2013 年韶关地区早稻不同播期、不同生育期的温光条件,不同年份之间,2012 年略多于 2013 年。不同年份、相同生育期所需的温光条件存在差异,同一年份、不同播期之间无明显规律。结合产量结构数据可知,陵两优 268 在韶关地区获得高产、稳产的最适宜温光条件为:全生育期积温 2 700 ℃·d 左右,日照时数在 400 h 以上。

(4)双季晚稻高产气象条件:2012—2013 年晚稻 6 个不同播期、不同生育期的温光条件,相同播期、不同年份,同一年份、不同播期之间存在一定差异。相同播期的温光条件,2013 年的积温较 2012 年的高,日照时数较 2012 年的低。2012 年不同播期全生育期的积温、日照时数随播期的推迟而减小,2013 年除第 2 播期以外也有类似规律。结合不同年份、不同播期的产量结构数据可知,深优 9516 在韶关地区获得高产、稳产的较适宜温光条件为:全生育期积温约 3 200 ℃·d,日照时数约 800 h。

2.4　柳州分期播种结果分析

2.4.1　试验概述

(1)试验地点

试验地点位于柳州市郊沙塘镇三合村农民陈美莲的水稻田(地理位置:24°28′N,109°23′E;海拔高度:97.5 m),地势平坦,面积为 0.10 hm²,地段为沙壤土,中性,肥力上等。

早稻供试品种:陵两优 268(国审稻 2008008),属籼型两系杂交稻。在长江中下游作双季早稻种植,全生育期平均 112.2 d。

晚稻供试品种:深优 9516(粤审稻 2010042),属感温型三系杂交稻组合。全生育期平均 112~116 d。

(2)试验设计及方法

柳州地区 2012—2013 年早、晚稻均分为 3 个播期,播种期与收获期见表 2.41 和表 2.42,栽插规格为 5 寸×6 寸。

表 2.41　柳州早稻分期播种时间表

年份	第 1 播期(月/日)		第 2 播期(月/日)		第 3 播期(月/日)	
	播种期	收获期	播种期	收获期	播种期	收获期
2012	3/14	7/2	3/24	7/8	4/3	7/12
2013	3/12	7/5	3/23	7/10	4/16	7/30

表 2.42　柳州晚稻分期播种时间表

年份	第 1 播期(月/日)		第 2 播期(月/日)		第 3 播期(月/日)	
	播种期	收获期	播种期	收获期	播种期	收获期
2012	6/26	10/17	7/6	10/27	7/12	10/30
2013	6/29	10/21	7/7	10/24	7/24	11/9

田间分期播种试验设 4 个重复,地段距气候观测场直线距离 3 km,位于观测场南面,海拔高度低于观测场 3 m。

田间观测严格根据试验要求,各观测项目参照《农业气象观测规范》[1]进行,观测项目包括生育期、生长状况、产量结构等。其中,生育期主要包括播种期、三叶期、移栽期、分蘖期、拔节期、孕穗期、抽穗期、乳熟期、成熟期。生长状况观测包括高度、密度。产量结构主要包括穗粒数、穗结实粒数、空壳率、秕谷率、结实率、千粒重等。

2.4.2　产量结构分析

(1)早稻产量结构分析

2012—2013 年柳州地区早稻陵两优 268 分期播种的产量结构数据见表 2.43,从表中的数据可知,不同年份、不同播期之间产量结构存在一定差异。总体而言,2013 年的产量结构优于2012 年。2013 年较 2012 年,平均穗粒数高 23.2 粒,穗结实粒数高 29.4 粒,结实率高 9.9 个百分点,空壳率低 6.6 个百分点,秕谷率低 3.3 个百分点,千粒重高 1.0 g。相同播期、不同年份之间,2013 年的 3 个播期均优于 2012 年。

同一年份、不同播期的产量结构因子之间差异明显。就穗结实粒数、千粒重、籽粒与茎秆比几个产量结构因子而言,2012 年是第 2 播期的表现最差,2013 年是第 1 播期最差。但不同播期、不同产量结构因子表现规律不明显。

2012 年早稻 1 m² 产量优于 2013 年,且均随着播期的推迟而增加,均是第 3 播期的产量最高,结实率一般也是第 3 播期最高。结合不同播期的播种日期可知,柳州地区两系杂交稻陵两优 268 的最适宜播期为 4 月上旬至中旬。

(2)晚稻产量结构分析

2012—2013 年柳州地区晚稻深优 9516 的 6 个不同播期的产量结构见表 2.44。从表中数据可知,不同年份、不同播期的产量结构因子存在较大差异。不同年份之间,穗粒数与穗结实粒数 2013 年的优于 2012 年,但其他结构因子均弱于 2012 年。籽粒与茎秆比在不同年份间的表现规律相同,均是随着播期的推迟而增加,而千粒重在不同年份间的表现规律是 2012 年随着播期推迟而减小,2013 年随播期推迟而增加,其他产量结构因子年份间的规律不明显。不同年份、相同播期之间产量结构差异明显,但不同因子之间的差异没有明显规律。

表 2.43　2012—2013 年柳州早稻产量结构表

年份	播期	穗粒数（粒）	穗结实粒数（粒）	结实率（%）	空壳率（%）	秕谷率（%）	籽粒与茎秆比	千粒重（g）	1 m² 产量（g）
2012	1	109.7	78.0	71.0	22.0	7.0	1.12	24.9	537.5
	2	98.7	71.1	72.0	11.0	17.0	0.86	24.0	555.0
	3	108.6	78.9	72.0	13.0	15.0	1.30	24.0	561.0
平均		105.7	76.0	71.7	15.3	13.0	1.09	24.3	551.2
2013	1	118.9	97.8	82.0	14.0	4.0	0.92	24.1	369.6
	2	143.4	114.1	79.0	6.0	15.0	1.43	24.0	391.3
	3	124.3	104.2	83.8	6.0	10.2	1.30	27.6	503.6
平均		128.9	105.4	81.6	8.7	9.7	1.22	25.3	421.5

表 2.44　2012—2013 年柳州地区晚稻产量结构表

年份	播期	穗粒数（粒）	穗结实粒数（粒）	结实率（%）	空壳率（%）	秕谷率（%）	籽粒与茎秆比	千粒重（g）	1 m² 产量（g）
2012	1	145.0	110.3	76.0	14.0	10.0	0.73	28.3	516.9
	2	152.2	102.9	67.6	18.8	13.6	0.88	25.7	664.5
	3	119.5	93.4	78.0	12.0	10.0	0.93	25.6	711.0
平均		138.9	102.2	73.9	14.9	11.2	0.85	26.6	630.6
2013	1	230.3	139.7	60.0	33.0	7.0	0.41	22.0	206.7
	2	287.8	210.2	73.0	20.0	7.0	0.72	23.0	376.0
	3	244.0	168.2	68.0	12.0	20.0	0.79	23.7	316.9
平均		254.0	172.7	67.0	21.7	11.3	0.64	22.9	299.9

同一年份、不同播期之间产量结构的差异主要表现在穗粒数、穗结实粒数、结实率、1 m² 产量等方面。2012 年，第 1 播期比第 3 播期的穗粒数、穗结实粒数分别高 25.5 和 16.9 粒，千粒重高 2.7 g，而 1 m² 产量低 194.1 g。2013 年第 3 播期比第 1 播期穗粒数、穗结实粒数分别高 13.7 和 28.5 粒，千粒重高 1.7 g，1 m² 产量高 110.2 g。

柳州地区 2012 年晚稻 1 m² 产量优于 2013 年，2012 和 2013 年 1 m² 产量均随着播期的推迟有增加趋势，其中 2012 年变化最明显。2012 是第 3 播期的 1 m² 产量最高，2013 年是第 2 播期的最高，结实率亦是如此。结合不同播期的播种日期可知，感温型三系杂交稻深优 9516 的最适宜播期为 7 月上旬至中旬。

2.4.3　柳州地区超级稻高产气象条件分析

（1）早稻气象条件分析

表 2.45 和表 2.46 分别给出了 2012—2013 年柳州地区早稻 6 个播期不同生育期的积温与日照时数数据。其中，表 2.45 为不同年份、不同播期主要生育期的积温数据，表 2.46 为日照时数数据。从两表中的数据可知，不同年份、不同播期以及不同生育期间的积温与日照时数存在一定的差异。不同年份间，2013 年 3 个播期生长发育所需的总积温较 2012 年相同播期偏多，日照时数也是如此。但不同生育期的积温与日照时数没有类似规律。同一年份、不同

播期之间,2012 年积温随着播期的推迟而减少,日照时数变化的规律不明显。2013 年积温的变化规律不明显,日照时数随着播期的推迟而增加。不同生育期间的温光条件的变化规律不明显。

表 2.45　2012—2013 年柳州地区早稻不同生育期的积温数据　　　　　　单位:℃·d

年份	播期	播种—出苗	出苗—三叶	三叶—移栽	移栽—返青	返青—分蘖	分蘖—拔节	拔节—孕穗	孕穗—抽穗	抽穗—乳熟	乳熟—成熟	全生育期
2012	1	73.6	222.8	296.9	42.4	150.3	613.9	163.3	232.7	289.8	549.4	2 635.1
	2	51.0	186.7	389.5	53.4	118.3	525.7	242.1	198.5	305.3	549.0	2 619.5
	3	60.9	236.9	228.0	49.2	108.4	568.2	289.6	192.7	251.1	558.9	2 543.9
平均		61.8	215.5	304.8	48.3	125.7	569.3	231.7	208.0	282.1	552.4	2 599.5
2013	1	56.1	317.1	313.9	92.7	173.6	505.4	268.3	156.6	284.7	540.3	2 708.7
	2	59.8	268.3	374.6	70.1	159.4	378.7	346.9	180.5	219.8	566.6	2 624.7
	3	54.0	281.0	41.9	75.4	120.1	691.0	483.8	196.6	376.7	394.6	2 715.3
平均		56.6	288.8	243.5	79.4	151.1	525.0	366.3	177.9	293.7	500.5	2 682.9

表 2.46　2012—2013 年柳州地区早稻不同生育期的日照时数数据　　　　　　单位:h

年份	播期	播种—出苗	出苗—三叶	三叶—移栽	移栽—返青	返青—分蘖	分蘖—拔节	拔节—孕穗	孕穗—抽穗	抽穗—乳熟	乳熟—成熟	全生育期
2012	1	0.0	29.8	44.6	6.9	22.2	92.9	30.6	11.9	26.2	52.9	318.0
	2	17.3	20.9	52.8	8.8	14.8	97.6	14.2	16.3	34.2	60.5	337.4
	3	0.0	30.6	38.7	0.0	16.4	90.6	21.0	17.1	27.3	84.3	326.0
平均		5.8	27.1	45.4	5.2	17.8	93.7	21.9	15.1	29.2	65.9	327.1
2013	1	9.4	34.6	37.7	11.6	6.6	62.0	36.2	29.4	42.9	81.3	351.7
	2	10.4	29.1	37.7	12.6	7.2	56.7	51.1	18.3	40.6	91.9	355.6
	3	12.5	21.7	0.0	7.2	27.5	87.1	70.3	32.4	86.2	57.0	401.9
平均		10.8	28.5	25.1	10.5	13.8	68.6	52.5	26.7	56.6	76.7	369.7

由产量结构数据可知,2013 年早稻的产量结构优于 2012 年,但 1 m² 产量 2012 年优于 2013 年,而总的温光条件 2012 年却弱于 2013 年,由此可知,良好的产量结构并不是由全生育期的温光条件决定的。结合产量结构数据可知,陵两优 268 在柳州地区获得高产、稳产的全生育期积温在 2 600 ℃·d 以上,日照时数在 300 h 以上。

(2)晚稻气象条件分析

表 2.47 和表 2.48 分别给出了 2012—2013 年柳州地区晚稻 6 个播期不同生育期的积温与日照时数数据。其中,表 2.47 为主要生育期积温数据,表 2.48 为日照时数数据。从两表中的数据可知,不同年份、不同播期以及不同生育期间的积温与日照时数存在一定的差异。不同年份间,2012 年 3 个播期生长发育所需的总积温、日照时数较 2013 年同播期偏多,且积温与日照时数均随着播期的推迟而减小,但不同生育期的积温与日照时数没有类似规律。同一年份、不同播期之间,积温与日照时数存在明显差距,不同生育期之间也是如此。

由产量结构数据分析可知,柳州地区 2012 年晚稻产量优于 2013 年,1 m² 产量 2012 年是

表 2.47　2012—2013 年柳州晚稻不同生育期的积温数据　　　　　　单位：℃·d

年份	播期	播种—出苗	出苗—三叶	三叶—移栽	移栽—返青	返青—分蘖	分蘖—拔节	拔节—孕穗	孕穗—抽穗	抽穗—乳熟	乳熟—成熟	全生育期
2012	1	52.4	283.2	442.1	106.5	170.4	573.5	413.6	251.8	236.0	484.2	3 013.7
	2	55.7	179.4	481.1	117.1	137.2	511.1	469.7	298.3	225.9	485.6	2 961.1
	3	60.4	318.0	280.2	78.5	146.4	511.0	510.4	244.0	266.1	434.6	2 849.6
平均		56.2	260.2	401.1	100.7	151.3	531.9	464.6	264.7	242.7	468.1	2 941.5
2013	1	51.9	229.2	145.6	86.6	197.1	821.0	305.3	330.7	195.7	645.1	3 008.2
	2	55.0	232.2	140.5	86.1	111.4	815.8	361.2	194.8	251.2	596.0	2 844.0
	3	57.9	255.0	115.4	87.8	117.0	630.4	331.5	257.0	313.3	519.9	2 685.2
平均		54.9	238.8	133.8	86.6	141.8	755.7	332.7	260.8	253.4	587.0	2 845.8

表 2.48　2012—2013 年柳州地区晚稻不同生育期的日照时数数据　　　　单位：h

年份	播期	播种—出苗	出苗—三叶	三叶—移栽	移栽—返青	返青—分蘖	分蘖—拔节	拔节—孕穗	孕穗—抽穗	抽穗—乳熟	乳熟—成熟	全生育期
2012	1	1.6	55.9	88.7	0.0	36.6	98.3	80.1	63.5	19.4	141.8	585.9
	2	7.7	40.9	67.4	32.3	21.6	87.7	93.2	43.5	74.7	114.5	583.5
	3	14.1	47.8	51.9	8.0	29.7	92.0	103.8	39.3	77.3	86.8	550.7
平均		7.8	48.2	69.3	13.4	29.3	92.7	92.4	48.8	57.1	114.4	573.4
2013	1	12.5	53.0	35.0	18.5	34.2	131.3	34.9	47.8	63.0	138.4	568.6
	2	8.8	53.5	21.2	19.2	6.8	121.7	44.6	49.7	54.3	149.0	528.8
	3	9.2	34.4	29.8	22.5	18.5	54.1	90.0	44.4	101.4	113.8	518.1
平均		10.2	47.0	28.7	20.1	19.8	102.4	56.6	47.3	72.9	133.7	538.5

第 3 播期最高，2013 年是第 2 播期最高，结实率也是如此。而温光条件，2012 年温光条件与产量的变化趋势相反。由此可知，并不是温光条件越充足产量越高，只有适宜的温光条件才是高产、稳产的基础。综合气象条件与产量结构可知，感温型三系杂交稻深优 9516 在柳州地区获得高产、稳产的较适宜温光条件为：全生育期积温 3 000 ℃·d 左右，日照时数 580 h 左右。

2.4.4　小结

（1）双季早稻播期安排：通过广西柳州地区 2 年分期播种产量结构分析可知，早稻陵两优 268 在 2012—2013 年分期播种试验中，均是第 3 播期的产量最高，结实率一般以第 3 播期最高。结合较高产的播期的播种日期可知，广西柳州地区两系杂交稻陵两优 268 的较适宜播期为 4 月上旬至中旬。

（2）双季晚稻播期安排：广西柳州地区晚稻深优 9516 的 2012 年产量优于 2013 年，1 m² 产量 2012 年是第 3 播期最高，2013 年是第 2 播期最高，结实率也是如此。结合不同播期的播种日期可知，感温型三系杂交稻深优 9516 在柳州地区的较适宜播期为 7 月上旬至中旬。

（3）双季早稻高产气象条件：2012—2013 年柳州地区早稻 6 个不同播期、不同生育期的积温与日照时数表现为：不同年份、不同播期以及不同生育期间的积温与日照时数存在一定的差异。不同年份间，2013 年 3 个播期生长发育所需的总积温较 2012 年同播期偏多，日照时数亦是如此。但不同生育期的积温与日照时数没有明显规律。结合产量结构数据可知,陵两优268在柳州地区获得高产、稳产的全生育期温光条件为:全生育期积温在 2 600 ℃·d 以上,日照时数在 300 h 以上。

(4)双季晚稻高产气象条件:2012—2013 年晚稻 6 个不同播期不同生育期的积温与日照条件整体表现为:不同播期以及不同生育期间的积温与日照时数存在一定的差异。不同年份间,2012 年 3 个播期的积温、日照条件较 2013 年的好,且均随着播期的推迟而减小,但不同生育期的积温与日照时数没有明显的变化规律。结合产量数据可知,感温型三系杂交稻深优 9516 在柳州地区获得高产、稳产的较适宜温光条件为:全生育期积温 3 000 ℃·d左右,日照时数 580 h 左右。

(5)华南地区播期差异:对韶关、柳州两地不同年份、不同播期的产量结构数据的整理、分析可知,相同早稻品种两系杂交稻陵两优 268 在韶关地区的最适宜播期为 3 月上旬至中旬,而在广西柳州地区为 4 月上旬至中旬。晚稻品种感温型三系杂交稻深优 9516 在韶关地区的最适宜播期为 6 月下旬,而在柳州地区的较适宜播期为 7 月上旬至中旬。由此可知,相同品种的早、晚稻,在不同的气候区域适宜播期存在较大的差异,各地要根据当地的气候条件合理安排播期,以实现高产、稳产的目标。

(6)华南地区高产气象条件差异:对韶关、柳州两地超级稻分期播种资料分析可知,相同品种的早、晚稻在不同气候区所需的温光条件存在很大差异。韶关地区陵两优 268 的较适宜的温光条件为:全生育期积温 2 700 ℃·d 左右,日照时数 400 h 以上。而在柳州地区为:全生育期积温在 2 600 ℃·d 以上,日照时数在 300 h 以上。在韶关地区所需的温光条件相对更多,两地积温与日照时数的差距分别为 100 ℃·d 和在 100 h 以上。

分析晚稻深优 9516 在两个地区 6 个不同播期、不同生育期的温光数据可知,在韶关地区获得高产、稳产的较适宜温光条件为:全生育期积温约 3 200 ℃·d,日照时数约 800 h。在柳州地区所需的温光条件为:全生育期积温 3 000 ℃·d 左右,日照时数 580 h 左右。由积温与日照时数的分析可知,在韶关地区晚稻深优 9516 获得高产、稳产所需的温光条件相对更多,积温差距约 200 ℃·d,日照时数差距约 220 h。

由地理播种试验及分期播种试验可知,相同品种早、晚稻在不同气候区域的适宜播期及适宜温光条件存在一定的差异。同一品种的水稻在一个气候区要想获得高产、稳产的目标选择合理播期显得尤为重要,因只有选择合理的播期才能更有效地利用当地的温光资源。

2.5　施氮量与移栽密度最佳配置方式

关于超级稻高产产量群体结构前人研究很多。凌启鸿等[3-4]将提高花后群体光合积累量作为提高群体质量的总目标,确定苗、蘖、穗、粒和叶面积指数(LAI)最适发展动态及定量化的技术措施,从而形成群体质量超高产栽培体系。对超级稻的生理特征,国内专家提出了各生育期具体的量化指标,使定性模糊的概念上升为科学的量化指标。谢华安[5]认为超级稻不同品种的产量构成各具特点,共同性是库容量都达 1 700～1 800 g/m²,结实率大于 90%;干物质积累优势在中期和后期,群体生产率(CGR)高是干物质积累多的主要原因;有助于超高产的植株性状为分蘖力中至中强,冠层叶片直立,茎秆抗倒伏,根系发达。具有超高产群体源库:有效穗 270 万～280 万/hm²,每穗颖花数 200～220 朵,结实率 88%～90%,千粒重 24 g 以上,产量

12.5 t/hm²，全生育期 120 d 左右。

李义珍等[6]研究认为水稻超高产必须建设巨库强源的群体。建立巨大库容量的途径是稳定穗数，主攻大穗，发育巨量的单位面积总粒数；源的增加得益于叶面积的扩大和生育期的延长，因此增源可从延长生长日数，扩大 LAI 和提高单位叶面积的净同化率（NAR）入手。但现有高产品种多为晚熟种，高产田的最大 LAI 已接近最适值，进一步延长生长日数和扩大 LAI 的潜力似已不大，增源的重点在于提高中后期的 NAR，大幅增加抽穗前干物质和抽穗后干物质的积累。超高产栽培恰恰应当利用超高产品种的大穗优势，首先确保适应当地生态的目标穗数，建立足穗、大穗的巨库群体。

合理的密度和施肥量是作物增产的技术关键，其作用在于协调好源库关系，从而实现高产。近年来，随着水稻产量的不断提高，人们片面地认为施肥越多产量越高，造成水稻贪青徒长，生长发育后期出现倒伏现象，致使产量下降，因肥料过量施用造成肥料大量流失，对本田土壤污染严重，易造成土壤板结，使地力下降，同时增加种稻成本，即使丰产也未必丰收。本试验旨在气候资源变化特点及适应性对策研究的基础上，采用气候变化适应性品种、熟期搭配及播种期安排，开展肥料与密度的最佳配置组合研究，拟提出气候变化适应性群体构建关键技术指标。

2.5.1　试验材料与方法

本试验安排在湖南省醴陵市泗汾镇农场居委会陈邦树的责任田中进行。土壤为潮沙泥，前作为绿肥，肥力中等，有机质含量 34.8 g/kg，碱解氮含量 167.9 mg/kg，有效磷含量 76.0 mg/kg，速效钾含量 103.6 mg/kg，pH 值 6.0。

（1）早稻的试验设计与方法

早稻设施氮量和栽插密度 2 个因素，施氮量为主区，设 5.0，7.5，10.0 kg/亩 3 个水平；栽插密度为裂区，设 3.0×10⁴，2.0×10⁴，1.5×10⁴ 蔸/亩 3 个水平。主区面积 45 m²，裂区面积 15 m²，共 9 个处理。主区、裂区均随机排列，3 次重复。

早稻于 3 月 24 日播种，地膜覆盖保温湿润育秧。大田于 4 月 20 日平整后分区做埂覆膜，各处理氮按试验设计要求施用，磷、钾肥施用量保持一致，4 月 23 日按设计栽插密度划行移栽。氮按基肥∶蘖肥∶穗肥＝4∶4∶2 施用，磷肥作基肥一次性施下，钾肥按基肥∶追肥＝5∶5 施用，追肥于晒田复水后施用。5 月 18 日亩叶面喷施 5% 调环酸钙 30 g 抗倒伏；6 月 3 日亩叶面喷施优马归甲 100 ml，6 月 15 日亩叶面喷施优马归甲 100 ml 壮秆、壮籽；其他栽培措施按高产栽培要求进行，各处理相互保持一致。

移栽后各裂区定点 10 蔸，每 3 d 调查一次分蘖动态；记载主要生育期；成熟期根据各裂区穗数平均值按对角线取 12 蔸考察穗部性状，收获时各裂区单打单晒，测定实际产量。

（2）晚稻的试验设计与方法

双季晚稻设施氮量和栽插密度 2 个因素，施氮量为主区，设 6.0，9.0 和 12.0 kg/亩 3 个水平；栽插密度为裂区，设 2.14×10⁴，1.71×10⁴ 和 1.43×10⁴ 蔸/亩 3 个水平。主区面积 45 m²，裂区面积 15 m²，共 9 个处理。主区、裂区均随机排列，3 次重复。氮肥按基肥∶蘖肥∶穗肥＝4∶4∶2 施用，其中，基肥在插秧前 1 d 施用，蘖肥在插秧后 4 d 施用，穗肥在晒田复水后施用；磷肥（P₂O₅，60.0 kg/亩）全部作基肥；钾肥（K₂O，12.0 kg/亩）按照基肥∶追肥＝5∶5 施用，追肥于晒田复水后施用。

双季晚稻于 6 月 16 日播种，湿润育秧。大田于 7 月 20 日平整后分区做埂覆膜，各处理按试验设计方案分区施肥,7 月 23 日按试验设计栽插密度要求划行移栽。8 月 18 日亩叶面喷施 5％调环酸钙 30 g 抗倒伏,8 月 23 日亩叶面喷施优马归甲 100 ml,9 月 20 日亩叶面喷施优马归甲 100 ml 壮秆壮籽;其他栽培措施按节氮抗倒高产栽培要求进行,各处理相互保持一致。

测定项目和方法与早稻相同。

2.5.2　试验结果

(1)早稻结果分析

1)分蘖消长分析

从表 2.49 可以看出,成穗率以施氮 7.5 kg/亩最大,较施氮 5.0 和 10.0 kg/亩分别多 1.4 和 5.0 个百分点。有效穗数以施氮 7.5 kg/亩为最多,较施氮 5.0 和 10.0 kg/亩分别多 0.65 万和 0.94 万/亩,说明增加施氮量可促进分蘖,但是由于后期群体过大,成穗率反而下降,因此合理施氮是足穗的关键。

分蘖率和成穗率随栽插密度增加而下降,最高苗和有效穗数随栽插密度增加而增加,说明在同一施氮量条件下,保证栽插密度有利于足穗形成。

表 2.49　不同施氮量和栽插密度对早稻分蘖的影响

处理		基本苗	最高苗	分蘖率	有效穗数	成穗率
因素	水平	(万/亩)	(万/亩)	(％)	(万/亩)	(％)
施氮量 (kg/亩)	5.0	8.90	30.64	244.0	20.25	66.1
	7.5	8.67	30.98	257.0	20.90	67.5
	10.0	8.60	31.93	271.0	19.96	62.5
栽插密度 (蔸/亩)	3.0×10^4	11.70	40.33	245.0	21.89	54.3
	2.0×10^4	8.24	29.38	257.0	20.81	70.8
	1.5×10^4	6.24	23.82	282.0	18.27	76.7

2)产量结构和产量分析

①有效穗数

从表 2.49 可以看出,有效穗数随栽插密度增加而递增,各处理达到显著水平。施氮量对有效穗数的影响趋势不明显,以施氮 7.5 kg/亩处理的有效穗数最多,与 5.0 kg/亩处理的差异不显著,与 10 kg/亩处理的差异极显著。

②穗总粒数

从研究结果(见表 2.50)可知,穗总粒数随栽插密度的增加而递减,插 3.0×10^4 蔸/亩与插 2.0×10^4 蔸/亩差异不显著,但二者与插 1.5×10^4 蔸/亩差异极显著。表明适当稀植对促进个体健壮生长和大穗形成有利。施氮量对穗总粒数影响趋势不明显,且实粒数、结实率、千粒重之间差异不显著。

③结实率

不同栽插密度对结实率影响显著,结实率随栽插密度降低而增加,插 3.0×10^4 蔸/亩与插 2.0×10^4 蔸/亩差异不显著,二者与插 1.5×10^4 蔸/亩差异显著。不同施氮量对结实率影响差异不显著。

④千粒重

从表 2.50 可以看出,不同施氮量和栽插密度,千粒重变化不大,均未达到显著水平。

表 2.50 不同施氮量和密度对早稻经济性状的影响

处理		有效穗数	总粒数	实粒数	结实率	千粒重
因素	水平	（万/亩）	（粒/穗）	（粒/穗）	（%）	（g）
施氮量 （kg/亩）	5.0	20.25 aA	117.5 aA	102.8 aA	87.5 aA	28.03 aA
	7.5	20.90 aA	117.7 aA	101.5 aA	86.2 aA	27.99 aA
	10.0	19.96 bB	115.3 aA	97.0 aA	84.1 aA	28.09 aA
栽插密度 （蔸/亩）	3.0×10^4	21.89 aA	111.5 bB	92.1 bB	82.6 bB	28.17 aA
	2.0×10^4	20.81 bB	115.8 bB	98.4 bB	85.0 bA	27.97 aA
	1.5×10^4	18.27 cC	123.2 aA	110.8 aA	89.9 aA	27.98 aA

注：不同小写或大写字母表示差异达到 0.05 或 0.01 显著水平

⑤产量

从表 2.51 可以看出，施氮量和栽插密度不同，产量均有差异。在节氮栽培技术条件下，以施氮量 7.5 kg/亩产量最高，与施氮量 5.0 和 10.0 kg/亩差异极显著。以栽插密度 2.0×10^4 蔸/亩产量最高，比栽插密度 1.5×10^4 和 3.0×10^4 蔸/亩增产极显著。

表 2.51 不同施氮量和栽插密度对早稻产量的影响

处理		产量（kg/亩）
因素	水平	
施氮量（kg/亩）	5.0	518.1 bB
	7.5	533.4 aA
	10.0	514.6 cB
栽插密度（蔸/亩）	3.0×10^4	523.0 bB
	2.0×10^4	543.2 aA
	1.5×10^4	499.8 cC

注：不同小写或大写字母表示差异达到 0.05 或 0.01 显著水平

从表 2.52 可以看出，施氮量与栽插密度间呈极显著相关，不同施氮量所要求的最适栽插密度不同，以施氮 10.0 kg/亩、插 2.0×10^4 蔸/亩的群体产量最佳。

表 2.52 不同密度在不同施氮量下的早稻产量及其差异显著性

处理		产量（kg/亩）
施氮量（kg/亩）	栽插密度（蔸/亩）	
5.0	3.0×10^4	540.8 bB
	2.0×10^4	537.8 cC
	1.5×10^4	475.6 gF
7.5	3.0×10^4	528.9 eD
	2.0×10^4	540.8 bB
	1.5×10^4	530.4 dD
10.0	3.0×10^4	499.3 fE
	2.0×10^4	551.1 aA
	1.5×10^4	493.4 fE

注：不同小写或大写字母表示差异达到 0.05 或 0.01 显著水平

(2)晚稻结果分析

1)分蘖消长分析

从表 2.53 可以看出,随着施氮量的增加,最高苗和分蘖率增加,成穗率下降,说明增加施氮量可促进分蘖,但是由于后期群体过大,成穗率反而下降,因此合理施氮是足穗的关键。

表 2.53　不同施氮量和栽插密度对晚稻分蘖的影响

处理		基本苗	最高苗	分蘖率	有效穗数	成穗率
因素	水平	(万/亩)	(万/亩)	(%)	(万/亩)	(%)
施氮量 (kg/亩)	6.0	7.72	27.94	262	17.77	63.6
	9.0	7.58	29.16	285	18.40	63.1
	12.0	7.62	30.37	299	17.39	57.3
栽插密度 (蔸/亩)	2.14×10^4	8.90	30.86	247	19.38	62.8
	1.71×10^4	7.70	28.99	276	17.86	61.6
	1.43×10^4	6.31	27.39	334	16.32	59.6

随着栽插密度的增加,最高苗增加,分蘖率下降,成穗率增加,说明在同一施氮量条件下,保证栽插密度有利于足穗形成。

2)产量结构和产量分析

①有效穗数

从表 2.53 可以看出,随着栽插密度的增加,有效穗数极显著增加。施氮量对有效穗数的影响趋势不明显,以施氮 9.0 kg/亩的有效穗数最多,与 6.0 和 12.0 kg/亩处理的差异显著,但 6.0 和 12.0 kg/亩处理间差异不显著。

②穗总粒数

从研究结果(见表 2.54)可知,穗总粒数随栽插密度的增加而递减,插 1.71×10^4 蔸/亩与插 1.43×10^4 蔸/亩差异不显著,但二者与插 2.14×10^4 蔸/亩差异极显著。表明适当稀植对促进个体健壮生长和大穗形成有利。施氮量对穗总粒数影响趋势不明显,以施氮 12.0 kg/亩的穗平均总粒数最多,与施氮 6.0 kg/亩差异不显著,但与施氮 9.0 kg/亩差异显著。

③结实率

结实率随栽插密度降低而增加,不同栽插密度间差异不显著。不同施氮量对结实率影响差异不显著。

④千粒重

从表 2.54 可以看出,不同施氮量和栽插密度,千粒重变化不大,均未达到显著水平。

表 2.54　不同施氮量和密度对晚稻经济性状的影响

处理		有效穗数	穗总粒数	实粒数	结实率	千粒重
因素	水平	(万/亩)	(粒)	(粒/穗)	(%)	(g)
施氮量 (kg/亩)	6.0	17.77 bA	163.2 bA	142.4 aA	87.3 aA	24.56 aA
	9.0	18.40 aA	157.6 aA	137.0 bA	86.8 aA	24.59 aA
	12.0	17.39 bA	164.0 bA	141.5 aA	86.1 aA	24.83 aA
栽插密度 (蔸/亩)	2.14×10^4	19.38 aA	153.0 bB	130.3 bB	85.1 aA	24.70 aA
	1.71×10^4	17.86 bB	167.3 aA	145.5 aA	87.0 aA	24.65 aA
	1.43×10^4	16.32 cC	168.6 aA	147.2 aA	87.3 aA	24.68 aA

注:不同小写或大写字母表示差异达到 0.05 或 0.01 显著水平

⑤产量

从表 2.55 可以看出,施氮量和栽插密度不同,产量均有差异。在本试验条件下,以施氮量 9.0 kg/亩的产量最高,施氮量 6.0 和 12.0 kg/亩的产量差异显著,二者与施氮量 9.0 kg/亩的产量差异极显著。不同栽插密度之间产量差异极显著,以栽插密度 1.71×10^4 蔸/亩的产量最高。

表 2.55　不同施氮量和栽插密度对晚稻产量的影响

处理		产量(kg/亩)
因素	水平	
施氮量(kg/亩)	6.0	525.0 bB
	9.0	558.1 aA
	12.0	550.6 cB
栽插密度(蔸/亩)	2.14×10^4	523.0 bB
	1.71×10^4	559.5 aA
	1.43×10^4	551.1 cC

注:不同小写或大写字母表示差异达到 0.05 或 0.01 显著水平

从表 2.56 可以看出,施氮量与栽插密度的互作极显著,以施氮 9.0 kg/亩、插 1.71×10^4 蔸/亩的产量最高,与其他各处理差异显著。

表 2.56　不同密度在不同施氮量下的晚稻产量及其差异显著性

处理		产量(kg/亩)
施氮量(kg/亩)	栽插密度(蔸/亩)	
6.0	2.14×10^4	530.4 eE
	1.71×10^4	521.5 fF
	1.43×10^4	523.0 fF
9.0	2.14×10^4	524.5 fF
	1.71×10^4	604.5 aA
	1.43×10^4	545.2 dD
12.0	2.14×10^4	514.1 gG
	1.71×10^4	552.6 cC
	1.43×10^4	585.2 bB

注:不同小写或大写字母表示差异达到 0.05 或 0.01 显著水平

2.5.3　结论与讨论

水稻产量的研究中关于施氮量与密度配置的研究较多,由于气候条件、品种、地理环境等差异,研究结论也呈多样性。本研究结果表明,施氮水平和栽插密度均对水稻产量有显著影响,且施氮量与栽插密度互作效应显著。具体来看,早稻以施氮 10.0 kg/亩、插 2.0×10^4 蔸/亩时产量最佳;晚稻以施氮 9.0 kg/亩、栽插 1.71×10^4 蔸/亩时产量最高。总体来看,提高移植密度,减少氮肥用量,既能大幅度增加有效穗数来实现高产,又能显著提高氮素利用率。因此,在资源日益短缺、生产成本渐高及面源污染越来越严重的形势下,增密节氮应是值得推广的水稻栽培技术。

参考文献

[1] 国家气象局.农业气象观测规范(上)[M].北京:气象出版社,1993.

[2] 郑曼妮,张海清,敖和军.光温因子对超级杂交稻生长及产量的影响[J].作物研究,2010,**24**(3):135-139.

[3] 凌启鸿.论中国特色作物栽培科学的成就与振兴[J].作物杂志,2003,(1):1-7.

[4] 凌启鸿,苏祖芳,张海泉.水稻成穗率与群体质量的关系及其影响因素的研究[J].作物学报,1995,**21**(4):463-469.

[5] 谢华安.中国特别是福建的超级稻研究进展[J].中国稻米,2004,(2):7-10.

[6] 李义珍,黄育民,庄占龙,等.杂交稻高产群体干物质积累运转Ⅱ.碳水化合物的积累运转[J].福建省农科院学报,1996,**11**(2):1-6.

第 3 章　人工控制温度试验

3.1　控制试验设计

3.1.1　分蘖期温度控制试验设计

（1）试验设计

试验场地位于江西省农业气象试验站（以下简称"江西站"）和湖南省长沙农业气象试验站（以下简称"湖南站"）。试验材料为中熟超级早稻组合"淦鑫 203"。育秧方式为常规水育秧，薄膜覆盖，移栽方式为盆栽（盆钵为陶制，直径为 25 cm，深度为 19 cm），每个盆钵中移栽 1 株单苗，栽插 200 盆。移栽时标记播种、移栽日期。移栽后，观测记载生育期，生育期达到分蘖始期时，选取长势基本接近的稻株连同盆钵移入人工气候箱（江西站的型号为 PRX-1500B，湖南站的型号为 HP1500GS-B），人工气候箱光照时间为 7:00—19:00，光强为 $600\sim750\ \mu mol/(m^2 \cdot s)$，空气相对湿度白天为 75%，夜间为 80%。处理结束后，把盆钵移出气候箱，放置到网室内，采用自来水灌溉，以泥土表面有浅水层为原则，根据水稻长势，施肥 1～2 次，随时注意防治病虫害。

江西站温度设置分低温、适宜温度和高温 3 组共计 6 个温度处理。低温处理组设置 21 和 23 ℃，采用第 1 播期样本；适宜温度处理组设置 25 和 27 ℃，采用第 2 播期样本；高温处理组设置 30 和 33 ℃，采用第 3 播期样本。以上处理均恒温保持 5 d，处理等级分别为 21 ℃ 5 d，23 ℃ 5 d，25 ℃ 5 d，27 ℃ 5 d，30 ℃ 5 d 和 33 ℃ 5 d。温度设置依据为分蘖期上、下限温度指标，20 ℃ 是正常分蘖的下限温度，33～37 ℃ 是正常分蘖的上限温度[1]；处理时长设置主要依据为：大田样本从分蘖普遍期到分蘖数达预定有效穗数（14.4 穗/穴）50% 左右的时间为 5 d。各温度处理均以同期大田环境下盆栽样本为对照（CK），第 1 播期 5 月 3—8 日平均气温为 24.2 ℃，平均最高气温为 30.9 ℃，平均最低气温为 21.1 ℃；第 2 播期 5 月 9—15 日平均气温为 23.8 ℃，平均最高气温为 27.6 ℃，平均最低气温为 20.7 ℃；第 3 播期 5 月 15—20 日平均气温为 23.6 ℃，平均最高气温为 27.9 ℃，平均最低气温为 20.6 ℃。

湖南站进行温度（A 因素）和天数（B 因素）双因子胁迫处理，并标记胁迫温度和胁迫天数。处理温度为 20，19，18，17，16 和 15 ℃，代号依次为 A1，A2，A3，A4，A5，A6。其中，A1，A2，A3 处理天数为 2 d（48 h，代号 B2）、3 d（72 h，代号 B3）、4 d（96 h，代号 B4）、5 d（120 h，代号 B5）；A4，A5，A6 处理天数为 1 d（24 h，代号 B1）、2 d（48 h，代号 B2）、3 d（72 h，代号 B3），共计 21 个处理。每个处理重复 3 次（1 个盆钵为 1 个重复），完全随机排列。

（2）测量项目与方法

分别将样本移入人工气候箱当天（处理前）、温度处理结束当天（处理后 0 d），以及处理后

5,10 和 15 d 对各处理分蘖数进行观测。处理结束当天测定各处理的株高和生长量,每处理重复测定 4 次,取平均值分析。水稻成熟收割后,按《农业气象观测规范》[2] 的标准,以盆钵为单位,对各处理和对照进行考种,考查总穗数、有效穗数等项目。

3.1.2　孕穗抽穗期温度控制试验设计

（1）试验设计

通过对进入抽穗开花期的晚稻进行人工控制温度试验研究晚稻抽穗期温度指标。当大田 50% 左右植株抽穗时,选取长势一致的植株,带土移入塑料花盆中,每盆栽 1 穴,每个温度处理共 20 盆,移入 PRX—1500B 人工气候箱(上海比朗仪器有限公司)中进行恒温处理,适时灌水保湿,并在大田选取长势一致的稻株作为对照。温控期日间光照设为最强,空气相对湿度为 75%,夜间光照为 0,空气相对湿度为 95%。处理后挂牌移回本田,与本田采取相同的管理方法。

试验于 2012 和 2013 年持续进行,2012 年晚稻抽穗开花期设 23,25,27,29,31 和 33 ℃ 共 6 个温度,温控箱中恒温处理 5 d 后移入本田。其中,23,25 和 27 ℃ 采用大田第 3 播期样本(6 月 28 日播种,7 月 26 日移栽,9 月 15 日抽穗普遍期,10 月 31 日收获),样本于 9 月 15 日移入温控箱,9 月 20 日移回本田;29,31 和 33 ℃ 采用大田第 5 播期样本(7 月 8 日播种,8 月 6 日移栽,9 月 27 日抽穗普遍期,11 月 10 日收获),样本于 9 月 28 日移入温控箱,10 月 3 日移回本田。

2013 年设 24,26,28,29,30 和 32 ℃ 6 个温度。其中,24,26 和 28 ℃ 取自本田第 2 播期(6 月 21 日播种,7 月 21 日移栽,9 月 9 日抽穗普遍期,10 月 19 日收获),均于 9 月 9 日移入温控箱内,9 月 14 日移回本田;29,30 和 32 ℃ 取自本田第 4 播期(7 月 1 日播种,8 月 1 日移栽,9 月 15 日抽穗普遍期,10 月 26 日收获),均于 9 月 16 日移入温控箱内,9 月 21 日上午移回本田。

（2）测量项目与方法

分别将样本移入人工气候箱当天(处理前)、温度处理结束当天(处理后 0 d),以及处理后 5 和 10 d 对各处理生长状况和生物量进行观测。水稻收获后对各处理和对照进行考种。

（3）气象条件分析

2012 和 2013 年晚稻生长期(6—10 月)内试验点的气温、降水量均在近 10 年(2002—2011 年)的波动范围内,因此,2012 和 2013 年的气候条件在研究区域具有代表性(见图 3.1),相关数据可以代表该气候类型下晚稻的生长状况。

3.1.3　数据统计分析

南昌资料处理曲线拟合采用最小二乘法,用 Origin 8.0 进行;平均数的差异显著性检验运用 SPSS 16.0 的 One-Way ANOVA 进行($p<0.05$ 差异显著,$p<0.01$ 差异极显著),用 LSD 法进行多重比较。

长沙站数据分析及聚类图和表格制作使用"数据统计分析及其 DPS 数据处理系统",其他图形绘制使用 Excel 2003。进行多重比较时,由于交互作用项的存在,简单分析各个处理间的差异不是很好的做法,比较好的做法是把某个处理固定在一个特定的水平上。考虑到温度和天数间的交互作用,进行不同胁迫温度总穗数、有效穗数方差分析和多重比较时,把天数固定在 2 和 3 d,采用二因素有重复试验统计法,避免胁迫天数不一致产生的扰动。不同胁迫天数总穗数、有效穗数方差分析,不考虑交互作用,采用单因素(胁迫天数)有重复试验统计法。聚类分析采用欧氏距离离差平方和法。

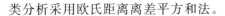
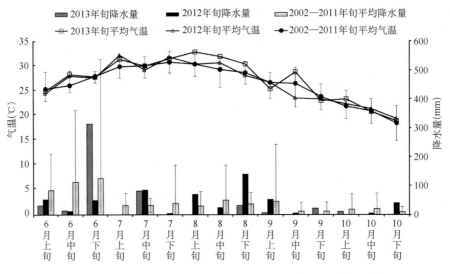

图 3.1 2012,2013 和 2002—2011 年各旬平均气温和降水量值

3.2 分蘖期温度控制试验分析

水稻分蘖是水稻生长发育过程中形成的一种特殊的分枝,是十分重要的农艺性状,它直接决定了水稻的穗数进而影响水稻的产量。水稻分蘖的发生是一个非常复杂的过程,影响分蘖的因素很多。水稻分蘖主要决定于遗传基础,但其生长主要受控于环境因子,植株营养、植物激素等会影响分蘖的发生。栽培措施与分蘖的发生有很大关系。不同栽插基本苗处理之间,有效穗数存在显著差异,双本移栽、深水控蘖更有利于水稻较好的营养生长,控制无效分蘖的发生以提高成穗率,降低移栽密度以增加分蘖,都会使单株有效穗数有较大程度增加。采用干干湿湿灌溉的分蘖比例明显高于常规灌溉,成穗数多。气象等环境因子对分蘖有很大影响。王立志等[3]在研究水稻冷害时指出,水稻在分蘖期遇到不同温度和不同低温天数,分蘖都有很大差别。受冷害的水稻分蘖少,成穗和产量低。亦有研究表明,水稻分蘖期光照不足,会造成稻株体内氮、糖比例失调,影响分蘖的形成。而在南方双季稻主产区,早稻分蘖期经常会遭遇低温天气,影响分蘖,导致单位面积穗数不能保证,从而影响超级早稻高产潜力的发挥,也影响超级早稻的推广应用。

3.2.1 不同温度处理对超级早稻生长状况和生长量的影响

表 3.1 显示,处理结束当天,随着处理温度增加早稻株高呈增加趋势。当处理温度从 21 ℃增加到 23 ℃,以及从 25 ℃增加到 27 ℃时,早稻株高均呈增加趋势,而从 30 ℃增加到 33 ℃时,早稻株高无变化,即处理温度达 30 ℃时,早稻株高不会进一步增加。此外,低温处理组(21 ℃ 5 d 和 23 ℃ 5 d)和适宜温度处理组(25 ℃ 5 d 和 27 ℃ 5 d)株高均显著低于对照(CK),降幅为 5.5%~16.6%,而高温处理组(30 ℃ 5 d 和 33 ℃ 5 d)与 CK 无显著差异。

单株叶面积随着处理温度增加呈先增加后减少趋势。当处理温度从 21 ℃增加到 23 ℃,早稻单株叶面积呈增加趋势,而从 25 ℃增加到 27 ℃以及从 30 ℃增加到 33 ℃时,早稻单株叶面积均显著下降,即温度超过 25 ℃之后不利于叶片的生长。此外,低温处理组较 CK 呈下降趋势,其中 21 ℃ 5 d 差异显著;而适宜温度处理组较 CK 呈增加趋势,其中 25 ℃ 5 d 差异显著。30 ℃ 5 d 与 CK 无明显差异,而 33 ℃ 5 d 则显著下降。从显著性检验结果看,25～27 ℃最有利于叶片生长。

表 3.1　不同温度处理结束当天超级早稻的生长状况和生长量

试验处理	株高(cm)	单株叶面积(cm²)	单株叶片干重(g)	单株茎鞘干重(g)	单株干重(g)
第 1 播期(CK)	46.9 A	26.0 a	0.088 a	0.092 a	0.180 a
21 ℃ 5 d	39.1 b	23.6 b	0.078 b	0.070 b	0.148 b
23 ℃ 5 d	41.0 b	25.4 ab	0.079 b	0.074 b	0.153 b
第 2 播期(CK)	49.3 A	31.0 a	0.101 a	0.106 a	0.207 a
25 ℃ 5 d	44.6 b	34.6 b	0.120 b	0.121 b	0.241 b
27 ℃ 5 d	46.6 b	31.9 a	0.093 c	0.086 c	0.179 c
第 3 播期(CK)	48.9 A	34.6 a	0.139 A	0.134 A	0.273 A
30 ℃ 5 d	49.3 a	35.7 a	0.110 b	0.084 b	0.194 b
33 ℃ 5 d	49.3 a	29.1 B	0.106 b	0.079 b	0.185 b

注:表中小写字母表示处理间差异显著性水平为 0.05,大写字母表示处理间差异显著性水平为 0.01

处理结束当天,低温处理组水稻单株叶片干重、单株茎鞘干重和总的单株干重均呈 23 ℃ 5 d 大于 21 ℃ 5 d 趋势,且较 CK 均显著下降。适宜温度处理组 25 ℃ 5 d 处理干物质量显著大于 CK,而 27 ℃ 5 d 处理较 CK 显著下降,25 ℃ 5 d 处理较 27 ℃ 5 d 处理显著高 22.2%～29.0%。高温处理组干物质量呈 30 ℃ 5 d 大于 33 ℃ 5 d 的趋势,且较 CK 均极显著下降。可以看出,当处理温度从 21 ℃增加到 23 ℃时,早稻单株干物质量呈增加趋势,而从 25 ℃增加到 27 ℃,以及从 30 ℃增加到 33 ℃时,早稻单株叶面积和干物质量均显著下降,即温度超过 25 ℃明显不利于干物质积累。

综上所述,当处理温度从 21 ℃升高到 23 ℃时,早稻株高、单株叶面积和干物质量呈增加趋势,当处理温度从 25 ℃升高到 27 ℃以及从 30 ℃升高到 33 ℃时,早稻单株叶面积和干物质量则呈下降趋势;从显著性检验结果看,除株高外,25 ℃ 5 d 和 27 ℃ 5 d 处理各项指标均高于 CK 或与其差异最小。可见分蘖期早稻叶片生长和干物质积累的适宜温度在 25～27 ℃之间,过高或过低都不利于早稻生长。

3.2.2　不同温度处理对超级早稻分蘖动态的影响

表 3.2 为不同温度处理早稻的分蘖百分比,从处理前(样本移入人工气候箱当天)统计到拔节之前。从处理结束当天(处理后 0 d)情况看,30 ℃ 5 d 处理分蘖百分率最高,且大于 CK,其次为 27 ℃ 5 d 处理;低温处理组分蘖明显受到抑制,分蘖百分率仅为 CK 的 55.9%～57.5%。处理后 5 d,低温和适宜温度处理组分蘖百分率随温度的升高均明显增加,而高温处理组则随温度的升高而减少。处理后 10 d,适宜温度处理组分蘖百分率超过 CK,而其余处理均明显低于 CK。从最终分蘖百分率来看,各处理呈 27 ℃ 5 d＞25 ℃ 5 d＞23 ℃ 5 d＞21 ℃ 5 d＞30 ℃ 5 d＞33 ℃ 5 d 的趋势,其中除适宜温度处理组外,低温和高温处理组的分蘖百分率均低于 CK。

比较 21 ℃ 5 d 和 23 ℃ 5 d 处理以及 25 ℃ 5 d 和 27 ℃ 5 d 处理显示,早稻分蘖百分率随

着处理温度的增加总体上呈增加趋势(25 和 27 ℃处理 5 d 后分蘖情况除外);而当处理温度从 30 ℃增加到 33 ℃时,分蘖百分率则呈下降趋势,即当温度超过 30 ℃时,早稻分蘖就会受到抑制。因此,早稻分蘖的最适宜温度可能在 27～30 ℃之间。

表 3.2　不同温度处理超级早稻的分蘖百分率　　　　　　　　单位:%

试验处理	处理前	处理后 0 d	处理后 5 d	处理后 10 d	处理后 15 d
第 1 播期(CK)	89.3	225.0	353.6	514.3	610.7
21 ℃ 5 d	80.0	125.7	216.5	297.4	519.0
23 ℃ 5 d	76.5	129.4	239.4	337.2	576.5
第 2 播期(CK)	111.8	188.2	300.0	455.9	500.0
25 ℃ 5 d	115.4	156.4	260.9	473.4	519.7
27 ℃ 5 d	111.4	160.0	229.7	507.8	533.3
第 3 播期(CK)	51.2	161.0	243.9	300.0	322.0
30 ℃ 5 d	87.5	165.0	162.5	215.0	265.6
33 ℃ 5 d	73.2	119.5	150.5	202.7	253.7

3.2.3　超级早稻分蘖百分率与出苗后积温关系模拟

利用各处理分蘖百分率数据,通过回归分析建立不同温度处理下早稻的分蘖百分率与积温(积温统计的起点为出苗期)之间的拟合方程,见图 3.2,均通过了 0.01 水平的显著性检验。

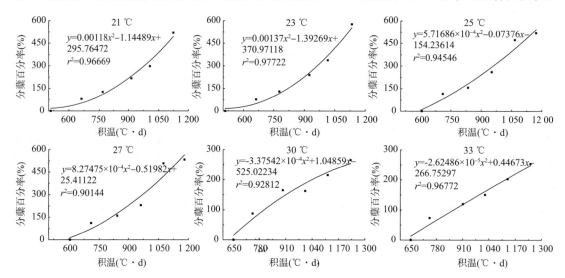

图 3.2　不同温度处理下分蘖百分率-积温拟合曲线

利用上述拟合方程,建立超级早稻开始出现分蘖到温度处理结束当天(分蘖第 1～9 d)的分蘖百分率与温度之间的拟合方程,见图 3.3,其中第 1～8 d 的方程通过了 0.05 水平的显著性检验,第 9 d 的方程通过了 0.1 水平的显著性检验。

对上述方程求一阶导数,令 $y'=0$,得超级早稻分蘖开始后第 1～9 d 的最适宜温度值,令 $y=0$,可得早稻分蘖的上、下限温度,详见表 3.3。从表 3.3 中可以看出,从开始分蘖到温度处理结束期间,早稻最适宜的分蘖温度为 28.2～29.7 ℃,且随分蘖的进行呈降低趋势,开始分蘖时最适宜温度为 29.7 ℃,到第 5 d 时降至 28.8 ℃,第 9 d 时降至 28.2 ℃,即分蘖中后期最适宜的温度较早期低,因此分蘖中后期大田环境温度升高会导致分蘖速度放缓,这将有利于减少后期无效分蘖的产生,同时推测如果移栽过晚会导致分蘖期整体温度过高,水稻分蘖会受到抑制,有效分蘖终止期和最高分蘖期向后延迟[4],引起有效穗不足而导致减产。

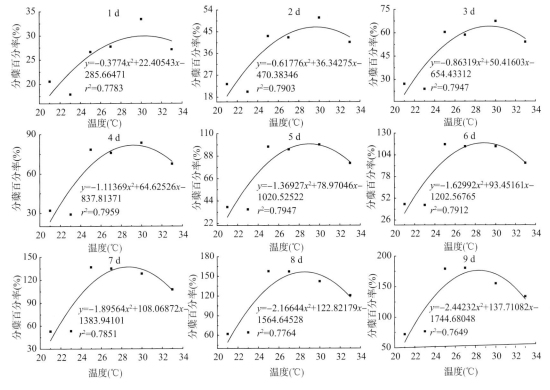

图 3.3　超级早稻分蘖开始后第 1~9 d 的分蘖百分率-温度拟合曲线

表 3.3 显示,分蘖的下限温度在 18.5~19.6 ℃之间,分蘖第 1~4 d 下限温度呈升高趋势,由 18.5 ℃升高到 19.6 ℃;第 5 d 以后,分蘖下限温度则呈逐渐降低趋势,表明早稻分蘖早期和后期更能耐受低温,而分蘖的第 4~5 d 是低温敏感期,该时期遭遇低温可能导致分蘖受明显影响。早稻分蘖期的上限温度在 37.2~40.8 ℃之间,随着分蘖的进行呈降低趋势,结合最适宜温度指标可以看出分蘖早期遭遇低温和分蘖后期遭遇高温可能均不利于分蘖,但分蘖后期适度的高温也可能抑制或减少无效分蘖产生。

表 3.3　超级早稻分蘖后第 1~9 d 的最适宜温度和上、下限温度

分蘖后天数(d)	1	2	3	4	5	6	7	8	9
最适宜温度(℃)	29.7	29.4	29.2	29.0	28.8	28.7	28.5	28.3	28.2
下限温度(℃)	18.5	19.2	19.5	19.6	19.5	19.5	19.4	19.3	19.2
上限温度(℃)	40.8	39.6	38.9	38.5	38.1	37.8	37.6	37.4	37.2

3.2.4　不同温度处理对超级早稻产量构成的影响

从表 3.4 可以看出,除 23 ℃ 3 d 处理外,各温度处理穗粒数较 CK 均有不同程度下降。将各处理与 CK 相比得出相对值,显示 30 ℃ 5 d 处理穗粒数最高,为大田样本穗粒数的 94.1%;

其次为 27 ℃ 5 d 和 33 ℃ 5 d 处理,分别为大田的 93.5% 和 91.2%;而 21 ℃ 5 d 处理最低,仅为大田的 80%。不同温度处理结实率呈 27 ℃ > 25 ℃ > 23 ℃ > 21 ℃ > 33 ℃ > 30 ℃ 的趋势。低温和适宜温度处理组的结实率均高于 CK,空壳率和秕谷率随温度升高显著下降或与 CK 无明显差异;而高温处理组的结实率显著下降,其空秕率则明显增加。可见,分蘖期遭遇高温对产量构成更为不利;分蘖期遭遇低温对结实率和空秕率则影响较小,其主要通过降低穗粒数来影响产量。

表 3.4 分蘖期不同温度处理对超级早稻产量构成的影响

试验处理	穗粒数 (粒)	结实率 (%)	空壳率 (%)	秕谷率 (%)	千粒重 (g)	实际产量 (g/m²)	有效穗数 (茎/10 蔸)	单株茎秆重 (g)	籽粒与 茎秆比
第 1 播期(CK)	129.5 a	81.8 a	11.4 a	6.7 A	25.29 a	576.3 a	145.0 A	1.57 A	1.63 a
21 ℃ 5 d	103.6 B	85.2 ab	10.2 a	4.6 b	25.19 a	545.8 b	168.9 B	1.36 b	1.66 ab
23 ℃ 5 d	116.3 c	86.3 b	9.5 b	4.2 b	24.98 a	588.5 a	173.3 B	1.37 b	1.73 b
第 2 播期(CK)	122.3 A	86.9 a	7.9 a	5.2 A	26.53 a	487.0 A	134.0 a	1.39 ab	1.89 a
25 ℃ 5 d	104.2 b	88.2 ab	8.4 a	3.4 b	27.04 a	494.2 a	152.2 B	1.26 b	1.79 a
27 ℃ 5 d	114.4 a	91.3 b	5.3 B	3.4 b	26.38 a	537.2 b	146.7 ab	1.42 b	1.84 a
第 3 播期(CK)	98.0 a	90.5 A	4.7 a	4.8 a	27.06 a	470.8 A	153.0 A	1.30 A	1.54 A
30 ℃ 5 d	92.2 A	80.0 b	9.4 b	10.7 b	26.45 ab	363.3 B	186.3 b	1.08 b	1.61 a
33 ℃ 5 d	89.4 b	82.0 b	7.1 c	11.0 b	26.16 b	410.7 c	206.7 c	1.01 b	1.76 b

注:表中小写字母表示处理间差异显著性水平为 0.05,大写字母表示处理间差异显著性水平为 0.01

除 25 ℃ 5 d 处理外,其余处理千粒重均低于 CK,但只有 33 ℃ 5 d 处理达到差异显著水平。这是因为千粒重主要由作物品种特性决定,可能受温度等环境条件影响较小。实际产量数据显示,21 ℃ 5 d 处理和高温处理组产量均显著下降;23 ℃ 5 d 和 25 ℃ 5 d 处理产量增加,但均不显著;仅 27 ℃ 5 d 处理产量显著升高。将各处理与 CK 相比得出相对值,显示实际产量呈 27 ℃ > 23 ℃ ≈ 25 ℃ > 21 ℃ > 33 ℃ > 30 ℃ 的变化趋势,低温和高温处理都会显著影响产量。

各处理有效穗数较 CK 均增加,将各处理与 CK 相比得出相对值,显示有效穗数呈 33 ℃ > 30 ℃ > 23 ℃ > 21 ℃ > 25 ℃ > 27 ℃ 的变化趋势,可以看出分蘖期低温和高温处理均会导致有效穗数大量增加,这与魏金连等[5]研究结果一致,而研究表明倒伏指数与单位面积有效穗数呈显著或极显著正相关[6]。此外,低温处理组和高温处理组的单株茎秆重极显著下降,可导致弱株和小穗大量形成,也会增加倒伏的风险。籽粒与茎秆比显示,低温处理组和高温处理组呈增加趋势,其中 23 ℃ 5 d 和 33 ℃ 5 d 差异显著,而适宜温度处理组与 CK 无显著差异。籽粒与茎秆比的提高意味着干物质更多向穗部分配,在单株茎秆重下降的情况下可能进一步降低茎秆的机械强度,也会提高稻株的重心高度,降低水稻的抗倒伏性能[4-5]。

综上所述,27 ℃ 5 d 处理下早稻结实率最高,实际产量较高,穗粒数也较高,空壳率和秕谷率最低,而其他产量结构因子如有效穗数、单株茎秆重、籽粒与茎秆比等与 CK 无显著差异,总体而言,该处理的产量和产量构成综合因素最优。而分蘖期低温和高温处理均会导致结实率和单株茎秆重下降,空壳率、秕谷率、单位面积(10 蔸)有效穗数、籽粒与茎秆比等增加,导致小穗弱株形成,降低茎秆机械强度,增加倒伏危险。

3.2.5　超级早稻分蘖期临界低温指标

（1）不同胁迫温度总穗数、有效穗数差异

试验表明,当胁迫温度分别为 20,19,18,17,16 和 15 ℃时,总穗数均值依次为 22.33, 19.50,14.50,12.67,12.67 和 11.83 茎/兜,说明总穗数随胁迫温度的降低而减少。通过方差分析,不同胁迫温度之间,总穗数差异显著性水平为 0.0001,达到极显著水平,胁迫 2 d 与胁迫 3 d 之间的总穗数差异显著性水平为 0.2582,差异不显著(见表 3.5)。

表 3.5　不同处理间总穗数、有效穗数方差分析表

项目	变异来源	平方和	自由度	均方	F 值	显著性水平
总穗数	温度	558.916 7	5	111.783 3	80.807	0.000 1
	天数	2.25	1	2.25	1.627	0.258 2
	温度×天数	6.916 7	5	1.383 3	0.254	0.933 6
	误差	130.666 7	24	5.444 4		
	总变异	698.75	35			
有效穗数	温度	266.888 9	5	53.377 8	160.133	0.000 0
	天数	4	1	4	12	0.018 0
	温度×天数	1.666 7	5	0.333 3	0.067	0.996 5
	误差	119.333 3	24	4.972 2		
	总变异	391.888 9	35			

Duncan 新复极差多重比较表明,胁迫温度为 20 ℃的总穗数显著高于 19 ℃的总穗数, 19 ℃的总穗数极显著高于胁迫温度 18,17,16 和 15 ℃的总穗数,胁迫温度为 18,17,16 和 15 ℃之间的总穗数差异不显著(见表 3.6)。

表 3.6　不同处理间总穗数、有效穗数 Duncan 新复极差多重比较

项目	处理	总穗数		有效穗数	
		显著水平(0.05)	极显著水平(0.01)	显著水平(0.05)	极显著水平(0.01)
温度间多重比较	20 ℃	a	A	A	A
	19 ℃	b	A	A	AB
	18 ℃	c	B	B	BC
	17 ℃	c	B	B	C
	16 ℃	c	B	B	C
	15 ℃	c	B	B	C
天数间多重比较	2 d	a	A	A	A
	3 d	a	A	A	A

注:不同大小写字母表示处理间存在着显著性差异

从方差分析结果看,温度×天数交互间总穗数差异显著性水平为 0.933 6,差异不显著,未通过差异显著性检验。但通过温度×天数交互间的总穗数进行 Duncan 新复极差多重比较, 亦发现了一些值得关注的现象和结果:处理 A1B2,A1B3,A2B2,A2B3 胁迫间的总穗数差异不显著,但显著高于其他处理,其他处理间的总穗数差异不显著(见表 3.7)。

表 3.7　温度×天数总穗数、有效穗数 Duncan 新复极差多重比较　　　　单位:茎/株

处理代号	总穗数	有效穗数
A1B2	22.67 a A	16.00 a A
A1B3	22.00 a A	15.33 a AB
A2B2	20.00 a AB	14.33 ab ABC
A2B3	19.00 a ABC	13.33 abc ABCD
A3B3	14.67 b BCD	10.33 bcd BCD
A3B2	14.33 b BCD	10.33 bcd BCD
A5B2	13.67 b CD	9.67 cd CD
A4B3	13.00 b D	8.33 d D
A4B2	12.33 b D	8.67 d CD
A6B2	12.00 b D	9.33 cd CD
A5B3	11.67 b D	8.33 d D
A6B3	11.67 b D	8.67 d CD

注:不同小写或大写字母表示差异达到 0.05 或 0.01 显著水平

当胁迫温度分别为 20,19,18,17,16 和 15 ℃时,有效穗数依次为 15.67,13.83,10.33, 8.50,9.00 和 9.00 茎/株,说明有效穗数随胁迫温度的降低呈减少趋势。方差分析表明,不同胁迫温度之间,有效穗数差异显著性水平为 0.000 1,达极显著水平,胁迫 2 d 与胁迫 3 d 之间的有效穗数差异显著性水平为 0.018 0,差异不显著(见表 3.4)。

Duncan 新复极差多重比较表明,胁迫温度为 20 ℃的有效穗数与胁迫温度为 19 ℃的有效穗数差异不显著,但极显著高于其他处理;胁迫温度为 19 ℃的有效穗数显著高于胁迫温度为 18 ℃的有效穗数,极显著高于胁迫温度为 17,16 和 15 ℃的有效穗数;胁迫温度为 18,17,16 和 15 ℃的有效穗数差异不显著(见表 3.6)。

从方差分析结果看,温度×天数交互间有效穗数差异显著性水平为 0.996 5(见表 3.7), 差异不显著,未通过差异显著性检验。但通过温度×天数交互间的有效穗数进行 Duncan 新复极差多重比较发现,处理 A1B2,A1B3 间与 A2B2,A2B3 间的差异不显著,但显著高于其他处理;A2B2 与 A2B3,A3B2,A3B3 间的差异不显著,但显著高于 A5B2,A6B2,A4B2,A6B3, A4B3,A5B3 处理;A5B2,A6B2,A4B2,A6B3,A4B3,A5B3 间的差异不显著(见表 3.7)。

(2)不同胁迫天数总穗数、有效穗数差异

从图 3.4 可以看出,在相同的温度下,总穗数随胁迫天数的增加呈下降趋势。比如,胁迫温度为 20 ℃,胁迫天数为 2,3,4 和 5 d 时,总穗数依次为 22.67,22.00,21.33 和 20.00 茎/株;胁迫温度为 15 ℃,胁迫天数为 1,2 和 3 d 时,总穗数依次为 13.67,12.00 和 11.67 茎/株。

通过方差分析,不同胁迫天数之间,总穗数差异显著性水平均大于 0.05。其中,温度为 20 ℃时,显著性水平为 0.997 8;温度为 19 ℃时,显著性水平为 0.962 9;温度为 18 ℃时,显著性水平为 0.979 3;温度为 17 ℃时,显著性水平为 0.387 7;温度为 16 ℃时,显著性水平为 0.413 4;温度为 15 ℃时,显著性水平为 0.328 5,都未通过差异显著性检验。说明,在相同的温度下,不同胁迫天数之间,总穗数差异不显著。

方差分析表明,无论胁迫温度是多少,不同胁迫天数之间,有效穗数差异显著性水平均大于 0.05(方差分析表省略)。在相同的温度下,不同胁迫天数之间,有效穗数差异不显著。但有效穗数随胁迫天数的变化仍有一定的规律:胁迫温度为 20 ℃,胁迫天数分别为 2,3,4 和 5 d 时,有效穗数依次为 16.00,15.33,14.33 和 14.00 茎/株;胁迫温度为 15 ℃,胁迫天数分别为

1,2 和 3 d 时,有效穗数依次为 11.00,9.33 和 8.67 茎/株,可见有效穗随胁迫天数的增加呈下降趋势(见图 3.5)。

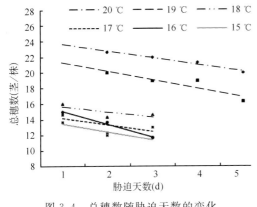

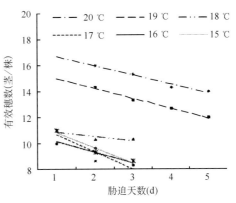

图 3.4　总穗数随胁迫天数的变化　　　　图 3.5　有效穗数随胁迫天数的变化

(3)分蘖临界低温

农业气象界限温度是标志某些重要物候现象或农事活动开始、终止或转折的日平均气温。本节提出了分蘖临界低温的概念,并定义:能表征分蘖的性状要素发生显著减少的温度下限为分蘖临界低温。类似地,还有分蘖临界高温,即:能表征分蘖的性状要素发生显著减少的温度上限。本节以总穗数、有效穗数为分蘖性状要素。

Duncan 新复极差多重比较表明,胁迫温度为 20 和 19 ℃时,总穗数极显著高于胁迫温度为 18,17,16 和 15 ℃,有效穗显著或极显著高于胁迫温度为 18,17,16 和 15 ℃,而胁迫温度为 18,17,16 和 15 ℃之间的总穗数、有效穗数差异不显著。说明胁迫温度低于 19 ℃,总穗数、有效穗数显著减少。据此可以初步认定 19 ℃为分蘖临界低温。

为进一步认定分蘖临界低温,采用离差平方和法对表 3.7 的总穗数、有效穗数进行系统聚类分析(见图 3.6)。根据聚类分析结果,将总穗数、有效穗数随胁迫温度和胁迫天数的变化情况分为两类。即处理 A1B2,A1B3,A2B2,A2B3 为第一类,包含的胁迫温度为 20 和 19 ℃,总穗数和有效穗数平均值分别为 20.92 和 14.75 茎/株;其他处理归为第二类,包含的胁迫温度为 18,17,16 和 15 ℃,总穗数和有效穗数平均值分别为 12.92 和 9.21 茎/株。可以看出,无论是总穗数,还是有效穗数,第二类明显少于第一类。进一步说明胁迫温度低于 19 ℃,总穗数和有效穗数明显减少。

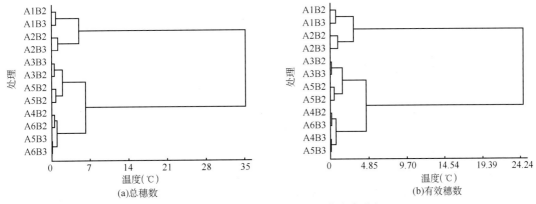

图 3.6　不同处理总穗数、有效穗数聚类分析

综合 Duncan 新复极差多重比较和聚类分析,可以认为,超级早稻分蘖临界低温为19 ℃,分蘖期温度低于 19 ℃,对分蘖极为不利。

3.2.6　结论与讨论

分蘖是影响水稻穗数进而影响单产的重要农艺性状,气象条件对分蘖有很大影响。水稻穗数的多少与分蘖有直接关系,而分蘖的多少与水稻生长环境有很大关系。其中,温度的影响至关重要,特别是低温对水稻分蘖的抑制。分蘖期温度低于 19 ℃,对分蘖极为不利,难以达到预期苗数。

分蘖期超级早稻株高随处理温度增加而增加,但当温度到达 30 ℃之后,株高不再随温度增加而进一步增高。

分蘖期早稻叶片生长和干物质积累的适宜温度为 25～27 ℃,过高或过低均会产生不利影响。

从早稻分蘖能力来看,27～30 ℃处理下早稻具有最佳的分蘖能力和最高的分蘖百分率。早稻分蘖开始后第 1～9 d 的最适宜分蘖温度为 28.2～29.7 ℃,随分蘖进行最适宜温度呈降低趋势;分蘖的下限温度在 18.5～19.6 ℃之间,分蘖开始后的第 4～5 d 是低温敏感期;分蘖的上限温度在 37.2～40.8 ℃之间,随分蘖进行上限温度也呈降低趋势。

从早稻产量构成来看,27 ℃处理下早稻产量和产量构成最优,分蘖期遭遇低温和高温均会导致产量下降,促进小穗弱株形成,降低茎秆机械强度,从而增加倒伏危险。分蘖期低温处理解除后早稻生长和分蘖较高温处理恢复更快,最终产量和产量构成也更优。低温处理解除 5 d 后,早稻单株叶面积和叶片干重分别恢复至 CK 的 102.0％～112.8％和 82.0％～94.9％,而同时期高温组仅分别为对照的 73.3％～79.4％和 72.6％～74.3％。此外,温度处理解除 5 d 后,23 ℃ 5 d 处理单株叶鞘干重和单株干重分别恢复至 CK 的 91.3％和 93.0％;而 33 ℃ 5 d 仅分别为 82.2％和 77.2％。可见,温度处理结束后,低温组生长量能更快恢复至对照水平。

分蘖动态数据也显示,虽然温度处理结束当天高温组分蘖百分率为对照的 74.2％～102.5％,显著高于低温组的 55.9％～57.5％;但温度处理解除 5 d 后,两者基本无差异,低温组为 61.2％～67.7％,而高温组为 61.7％～66.6％;温度处理解除 15 d 后,低温组分蘖百分率恢复至对照的 85.0％～94.4％,而高温组仅为对照的 78.8％～82.5％。

在产量和产量构成方面,低温组的产量为 CK 的 94.7％～102.1％,而高温组较 CK 下降了 12.8％～22.8％;低温组的结实率较 CK 高出 5％左右,而高温组则下降了 9.4％～11.6％;低温组的空壳率和秕谷率较 CK 显著下降,而高温组呈极显著增加;此外,高温组有效穗数、籽粒与茎秆比均大于低温组,而茎秆重更小,导致其茎秆的机械强度更低,因此更容易倒伏。

同样是低温胁迫,如果分蘖处在天气由冷转暖的时期(6 月中旬后期),1～2 d 低温胁迫后的水稻,能得到 6 月中旬后期的"高温"补偿,分蘖芽基本没有受到伤害,分蘖很快恢复,低温对分蘖的影响小。如果分蘖处在气温多变的 5 月,经低温胁迫后的水稻,分蘖仍然受到"五月低温"的影响,由于没有"高温"补偿,分蘖芽一直受低温伤害,分蘖不易恢复,短时间的低温对分蘖的不利影响与较长时间的低温对分蘖的不利影响同样严重。这一现象,在生产上应引起重视,特别是易发"五月低温"的双季稻区,不但要防范 5 d 以上的"五月低温"对分蘖的不利影响,也应防范水稻分蘖期间出现的 5 d 以下的低温天气对分蘖的影响。

3.3　抽穗期温度控制试验分析

3.3.1　抽穗开花期温度处理与生长量的分析

从图 3.7 中可以看出,处理完当天(处理后 0 d),23 ℃处理水稻单株叶面积显著下降了 9.7%,25 和 27 ℃处理与对照无明显差异。处理后 5 d,各处理无显著差异。到处理后 10 d,则 23~27 ℃处理单株叶面积均显著下降,降幅为 21.7%~41.5%。

从处理完当天情况来看,23~27 ℃处理水稻单株叶片干重、单株茎秆干重、单株鞘干重、单株穗干重及单株干重均显著下降,其中 23 ℃处理降幅最大,25 和 27 ℃处理降幅相当。处理后 5 d,单株叶片干重和单株鞘干重恢复至对照水平,除 25 ℃处理外其他处理单株干重也基本恢复到对照水平,其余指标与对照的差异也缩小。而到处理后 10 d,除单株穗干重外,各项指标相对对照均显著下降,且降幅大于处理完当天。

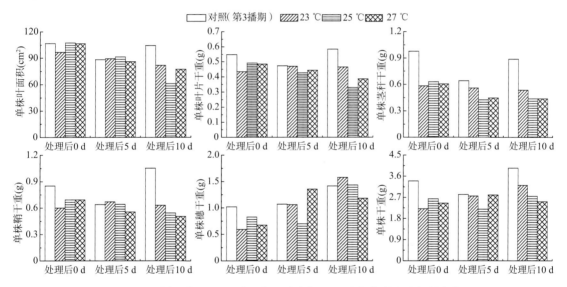

图 3.7　不同温度(23~27 ℃)处理后岳优 9113 生长状况和生长量变化

图 3.8 显示,对于 29~33 ℃,处理完当天和处理后 10 d,单株叶面积均明显增加,增幅分别为 13.4%~17.7%和 4.3%~27.6%;处理后 5 d 时 29 和 31 ℃处理的单株叶面积小幅下降。

处理完当天,29~33 ℃处理水稻单株叶片干重、单株茎秆干重、单株鞘干重、单株穗干重及单株干重均显著下降,降幅随处理温度增加有增加趋势。单株叶片干重也明显下降,降幅 13.6%~20.2%。33 ℃降幅最大,29 ℃和 31 ℃相当。处理后 5 和 10 d,各处理的各项指标相对对照均有不同程度恢复,且处理温度越高,降幅越小。对比分析 23~33 ℃处理表明,29~33 ℃更适合叶片生长,而 27 ℃以下温度处理都会导致叶面积明显下降。如仅从处理完当天情况来看,29 ℃处理最利于干物质积累。

表 3.8 显示,从穗粒数来看,除 33 ℃外,温控处理组穗粒数均大于对照。而 23~27 ℃处理后穗结实粒数均呈下降趋势,降幅 6.5%~8.9%;29~33 ℃处理穗结实粒数均呈增加趋势,增幅 7.3%~17.1%,其中 29 ℃处理穗结实粒数增幅最大。比较空壳率显示,23~27 ℃处理

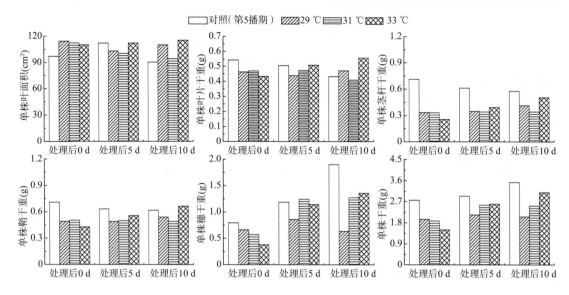

图 3.8　不同温度(29~33 ℃)处理后岳优 9113 生长状况和生长量变化

后空壳率均增加,而 29~33 ℃处理空壳率均呈降低趋势,其中 29 ℃空壳率最低。秕谷率各处理均较低。对千粒重而言,23~27 ℃处理后千粒重均呈增加趋势,增幅 2.3%~4.5%;而 29~33 ℃处理千粒重均呈降低趋势,降幅 2.5%~5.4%。单株有效穗数各处理无显著差异。23~27 ℃处理后单株理论产量和实际产量均下降;而 29~33 ℃处理单株理论产量增加,29 和 31 ℃处理单株实际产量与对照无明显差异,而 33 ℃处理下降了 11.8%。23~27 ℃处理籽粒与茎秆比下降 15.8%~34.8%,29 和 31 ℃与对照无明显差异,而 33 ℃处理下降了 19.8%。各处理穗长无显著差异。

综合而言,29 ℃处理穗粒数、穗结实粒数、空壳率、单株理论产量和单株实际产量及穗长的参数均较优。

表 3.8　温控处理对超级晚稻产量的影响

处理	穗粒数 (粒)	穗结实粒数 (粒)	空壳率 (%)	秕谷率 (%)	千粒重 (g)	单株有效 穗数(茎)	单株理论 产量(g)	单株实际 产量(g)	籽粒与 茎秆比	穗长 (cm)
大田第 3 播期	142.5	117.2	16.0	1.8	22.99	12.0	32.3	32.3	1.47	23.1
23 ℃	144.7	106.7	24.6	1.7	23.52	11.7	29.3	23.7	0.96	23.2
25 ℃	148.6	109.6	25.0	1.3	24.03	11.4	30.1	26.3	1.24	23.6
27 ℃	148.7	108.7	25.7	1.2	23.61	11.7	29.9	23.2	1.06	22.9
大田第 5 播期	129.6	86.3	29.9	3.5	23.54	19.7	39.9	30.4	0.96	23.5
29 ℃	131.0	101.1	18.7	4.1	22.27	19.0	42.8	29.7	0.95	23.9
31 ℃	133.9	97.7	25.0	2.0	22.91	20.0	44.8	30.2	0.96	22.9
33 ℃	124.6	92.7	22.7	3.0	22.95	19.0	40.4	26.8	0.77	23.0

3.3.2　抽穗开花期气温对晚稻产量的影响

(1)抽穗开花期气温对产量构成的影响

由图 3.9a 可以看出千粒重(y_1)与抽穗开花期平均气温(x_1)显著相关($p<0.05$),$r^2=$

0.9151,得公式(3.1):

$$y_1 = -0.0722x_1^2 + 4.0283x_1 - 32.31 \qquad (3.1)$$

抽穗开花期平均气温为 27.9 ℃时,为千粒重形成的最适宜温度。当 x_1 小于 27.9 ℃时,千粒重随温度的升高而增加;当 x_1 大于 27.9 ℃时,千粒重则随温度的升高而减小。

图 3.9b 显示 2013 年每穗实粒数(y_2)与抽穗后 5 d 平均气温(x_2)显著相关,且呈抛物线关系,$r^2 = 0.7618$,得公式(3.2):

$$y_2 = -0.6822x_2^2 + 36.165x_2 - 362.6 \qquad (3.2)$$

抽穗后 5 d 平均气温为 26.5 ℃是穗粒数形成的最佳热量条件,实粒数可达到 117 粒/穗。

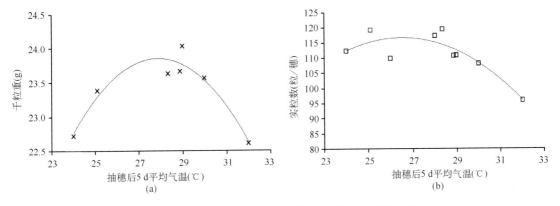

图 3.9　2013 年抽穗后 5 d 平均气温与千粒重和实粒数的关系

(2)气温对产量影响的模型验证

从表 3.9 中 2012 年千粒重和每穗实粒数的模拟值与实测值可以看出,千粒重模拟值与实测值的相对误差为 $-5.84\%\sim6.82\%$,均方根误差为 4.2%;每穗实粒数模拟值与实测值相对误差为 $-5.16\%\sim11.18\%$,均方根误差为 6.6%。可以看出,千粒重和每穗实粒数的模拟值与实测值偏差较小,认为式(3.1)和式(3.2)能够较好地反映抽穗开花期温度条件对千粒重和实粒数的影响。

表 3.9　2012 年千粒重和每穗实粒数实测值与模拟值比较

抽穗后 5 d 平均气温(℃)	千粒重(g)			每穗实粒数(粒/穗)		
	实测值	模拟值	相对误差(%)	实测值	模拟值	相对误差(%)
23	23.52	22.15	−5.84	106.72	108.28	1.46
25	24.03	23.27	−3.16	109.56	115.12	5.07
27	23.61	23.82	0.87	108.68	116.50	7.20
29	22.27	23.79	6.82	101.12	112.42	11.18
31	22.91	23.18	1.19	97.72	102.89	5.29
33	22.95	22.00	−4.14	92.68	87.90	−5.16

3.3.3　晚稻抽穗期适宜指标和低温阈值的确定

由以上研究可知,在相同管理措施下,不考虑水分胁迫(有完善的灌溉排水设施),温度是影响晚稻生长发育和产量构成的主要因素。根据《农业气象观测规范》[2]:

$$水稻理论产量(Y) = 1 \text{ m}^2 \text{ 有效茎数} \times \text{单茎产量} \tag{3.3}$$

其中,单茎理论产量 $Y_2 =$ 千粒重×每穗实粒数÷1000。由式(3.3)可知,单茎产量由千粒重、每穗实粒数决定。因此,单株理论产量模型为式(3.4),即:

$$Y_3 = -0.022x_3^2 + 1.1846x_3 - 13.18 \tag{3.4}$$

式中:x_3 为抽穗后 5 d 的平均气温。

由式(3.4)可知,当抽穗后 5 d 平均气温为 26.9 ℃时,单茎产量达到最大值,即抽穗后 5 d 平均气温 26.9 ℃为岳优 9113 抽穗开花期的最适宜温度,对充分灌浆和光合产量积累有利。取 $Y_3 = 0$ 时,即单株产量为 0,可知最低温度为 15.7 ℃,最高温度为 38.1 ℃。考虑晚稻抽穗开花期通常为 10 月,主要为低温影响,因此,可将 15.7 ℃作为晚稻抽穗开花期的低温阈值,抽穗后连续 5 d 平均气温低于 15.7 ℃时,千粒重显著下降,实粒数减少,导致产量大幅减少。

3.3.4　结论

温控处理试验结果显示,从处理完当天的单株叶面积和单株叶片干重来看,29～31 ℃最适宜。产量分析结果表明,29 ℃处理的穗粒数、穗结实粒数、空壳率、单株理论产量和单株实际产量及穗长的参数均较优。

抽穗开花期气温是影响晚稻产量构成的主要气象因子,千粒重、穗粒数与抽穗后 5 d 平均气温存在显著相关关系,确定岳优 9113 品种抽穗开花期最适宜温度为 26.9 ℃。15.7 ℃为岳优 9113 抽穗开花期的低温阈值,高温阈值为 38.1 ℃。

参考文献

[1] 许昌燊.农业气象指标大全[M].北京:气象出版社,2004.

[2] 国家气象局.农业气象观测规范(上、下卷)[M].北京:气象出版社,1993.

[3] 王立志,王春艳,李忠杰,等.黑龙江水稻冷害Ⅳ.分蘖期低温对水稻分蘖的影响[J].黑龙江农业科学,2009,(4):18-20.

[4] 刘海峰,全炳武,吴明根,等.低温冷害对延边州水稻生育的影响及最佳施肥模式的建立[J].吉林农业科学,2000,25(3):7-12.

[5] 魏金连,潘晓华,邓强辉.夜间温度升高对双季水稻产量的影响[J].生态学报,2010,30(10):2 793-2 798.

[6] 李国辉,钟旭华,田卡,等.施氮对水稻茎秆抗倒伏能力的影响及其形态和力学机理[J].中国农业科学,2013,46(7):1 323-1 334.

第 4 章　湘赣两省双季超级稻生产潜力研究

近年来,随着经济的快速发展和人口激增,资源和环境的有限性与人类需求的无限性之间的矛盾日益突出,由此引发的粮食增产显得日益迫切,挖掘作物生产潜力和提高产量关系着人类社会的可持续发展。水稻是我国第一大粮食作物,播种面积占我国粮食作物总播种面积的27.1%,产量占我国粮食总产量的 34%[1],水稻的高产、稳产是保证我国粮食安全的关键,因此研究水稻的生产潜力非常必要。

4.1　作物生产潜力研究概述

作物生产潜力是指在一定时期内单位土地面积上,在一定外界环境条件作用下,作物可能获得的最高产量,一般表示为单位时间、单位面积土地产生和积累的产量或绿色植物数量。多方面因素影响作物的生产潜力,光照、温度、降水是最重要的三个基本要素[2-3]。对于作物生产潜力的研究,最早可追溯到 1840 年德国化学家尤·李比希[4],他从最小因子法则讨论单因子限制对作物生长的影响。我国对作物生产潜力的研究起步于任美锷[5]和竺可桢[6]等对土地承载力和植物气候生产力的初步研究。随着科学家们对作物生理过程研究的深入以及数理方法的广泛应用,逐渐产生了多种计算作物生产潜力的方法和模型,如 Wageningen 模型、联合国粮食及农业组织(FAO)的农业生态区法(Agricultural Ecology Zone,AEZ)等。20 世纪 70 年代以后,随着计算机技术的发展,科学家们开始采用数值方法进行作物生产潜力的动态模拟研究,目前作物生长模型、地理信息系统在作物生产潜力研究中得到了广泛的应用[7]。

水稻生产潜力是科学家们的研究热点。陆魁东等[8]采用逐级订正的基本思路,建立了湖南省作物生产潜力的估算模型,计算了 1961—2004 年湖南农作物光合潜力、光温潜力与气候生产潜力,探讨了湖南省农作物生产潜力的时空变化规律。帅细强等[9]对水稻生长模型ORYZA2000 进行参数的本地化,分析了 1961—2006 年湘、赣两省双季稻气候生产潜力的时空演变规律。吴珊珊等[10]利用 1961—2011 年江西省常规气象观测资料、双季稻产量资料和全球气候模式 ECHAM5/MPIOM 在 SRES A1B 排放情景下 2015—2100 年的气象资料,定量研究了气候变化对江西省双季稻生产的影响,并建立了气候产量预测模式,用以预测水稻的产量。辜晓青等[11]构建了江西省早稻气候生产潜力计算模式,计算 1971—2000 年江西省早稻的光合、光温和气候三级生产潜力,定量化评估气候条件变化对早稻生产的影响,并对其进行了时空分布分析。於忠祥等[12]根据 FAO 农业生态带理论,计算了合肥地区水稻的理论产量。周红艺等[13]采用 AEZ 法估算长江上游地区水稻、小麦、玉米、甘薯和土豆 5 种作物的光温潜在产量,并根据各区的土壤属性,计算了土地生产潜力。刘博等[14]采用 AEZ 法及逐步订正法,计算了东北地区玉米、水稻、大豆的光温生产潜力和气候生产潜力,探讨了温度和水分对气候生产潜力的影响。江敏等[15]耦合了 GCM Transient Run 的气候变化情景和 CERES-Rice

模型,定量评价了气候变化对福建省水稻生产的影响。石全红等[16]利用 AEZ 法对 1980—2010 年南方稻区水稻光温生产潜力进行测算,分析了水稻光温生产潜力和大田平均单产之间的产量差及其时空变化特点。姚凤梅等[17]采用 DSSAT 作物模型,模拟分析了 A2 和 B2 气候变化情景对我国主要地区灌溉水稻产量的影响。杨沈斌等[18]利用 ORYZA2000 模型,采用区域气候模式 PRECIS 输出的气候变化情景,分析了气候变化对长江中下游稻区水稻产量的影响。

为了进一步提高水稻产量,1996 年我国农业部启动"中国超级稻育种计划",经过近 20 年的努力,分别于 2000,2005,2011 和 2014 年实现了一季超级稻第 1 期(700 kg/亩)、第 2 期(800 kg/亩)、第 3 期(900 kg/亩)和第 4 期(1 000 kg/亩)的产量目标,使我国水稻单产高于世界平均水平。针对超级稻的高产机理,国内外科学家们也进行了大量的研究。在光合方面,Katsura 等[19]认为超级稻有较大的叶面积指数持续时间;翟虎渠等[20]研究表明超级稻的物质生产能力、光合碳同化能力(叶源量)极显著高于常规稻,灌浆后期能保持高效光合功能;程式华等[21]研究表明始穗后超级稻光合速率最高值大和光合速率高值持续期长;叶子飘[22]指出超级稻内禀量子效率高,光能的利用效率高;严斧等[23]发现超级稻叶绿素含量衰减慢。在干物质积累方面,众多研究表明超级稻干物质生产与积累能力强于常规稻,在生育期的中后期表现尤为明显[24-30]。对根系的研究也表明,超级稻根丛总量大、根系密度高、分布深[35-36],根系活力高、吸收面积大[37-38]。对库源关系的研究表明[29,34,39],超级稻的平均总库容量高于常规稻,穗粒数、结实率及粒重的提高是增产的原因。

长江中下游地区是我国主要的水稻产区,水稻播种面积和总产量分别占全国的 49.27% 和 50.19%。湖南省和江西省是长江中下游地区的水稻主产省份,两省的水稻总产量占长江中下游地区水稻总产量的 44.95%。双季稻种植是湖南和江西两省水稻的主要种植制度,双季稻播种面积占长江中下游双季稻播种面积的 80.08%,因此这两省双季稻的生产状况可以代表整个长江中下游的双季稻生产。湖南省和江西省也是我国超级稻的起源地和主要种植区,超级早稻和超级晚稻在两省的推广面积也日益增大,促进了两省水稻产量的提升,但目前有研究指出超级稻在不同年份和不同地点大面积种植的产量波动性大,因此对两省超级早稻和超级晚稻生产潜力进行研究。通过分析两省双季稻区超级早稻和超级晚稻生产潜力的空间分布规律,结合对应的常规稻平均单产的统计资料,分析超级早稻和超级晚稻对光温资源的利用情况、生产潜力利用率及增产潜力,可以为湖南和江西两省乃至长江中下游的双季超级稻的生产规划、充分发挥超级稻的产量潜力、制订粮食增产规划、保障粮食安全等提供科学依据。

4.2　资料与方法

4.2.1　研究区域概况

湖南和江西两省位于长江中游,地处 24°29′～30°08′N,108°47′～118°28′E,属于亚热带湿润季风气候,年平均气温为 15～20 ℃,年降水量为 1 200～1 900 mm,全年气候温暖,光照充足,雨量充沛,雨热同季。

4.2.2　基础数据及其来源

本章选用的基础研究数据来自中国气象数据网(http://data.cma.cn/)、湖南省气象档案馆、江西省气象档案馆及本课题组共享试验观测资料。主要选取了湖南、江西两省双季稻区余干、宜丰、婺源、宁都、南康、南丰、湖口、龙南、南昌、广丰、醴陵、澧县、冷水滩、赫山、常德、茶陵、长沙、湘乡、武冈、平江、南县、临武等 22 个农业气象观测站(见图 4.1)的逐日平均气温、最高气温、最低气温、日照时数、降水量,以及水稻生育期、水稻产量等指标,因为超级稻在我国从 20 世纪 90 年代开始种植,所以本研究的研究年限选为 1991—2013 年,由于缺少各地超级稻的种植观测记录,所以本研究超级稻的移栽期采用上述农业气象观测站的观测资料,然后根据 2012—2014 年长沙、南昌和南京对超级早稻和超级晚稻分期播种的观测结果,根据各生育期积温,对各地超级早稻和超级晚稻的生育期进行相应的修订。

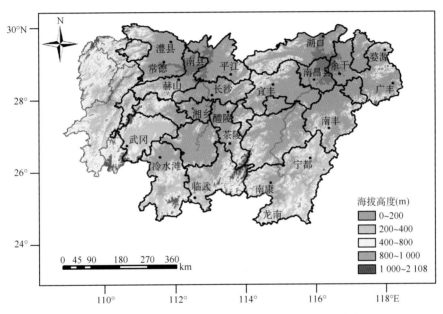

图 4.1 研究区域湖南和江西两省农业气象观测站点分布图

4.2.3 生产潜力计算

目前比较常见的计算作物生产潜力的方法有联合国粮食及农业组织(FAO)的农业生态区(AEZ)模型、Wageningen 模型、Miami 模型、Thorthwaite 模型、Gessner-Lieth 模型等。其中 Wageningen 模型计算作物生产潜力的校正系数基于温度等气候要素、Miami 模型利用降水量和平均温度估算生产潜力、Gessner-Lieth 模型用生物产量与生长期长度之间的相关推算生产潜力、Thorthwaite 模型用蒸散量模拟作物产量,虽然这些模型操作简单、适用性较广泛,但准确率相对较低[7,31]。

AEZ 法不仅考虑了作物生育期内的光、温、水等多个影响作物产量形成的因素,也考虑作物在不同生长条件下产量形成的差异,思路严谨,基础资料容易获得,其结果能较好地反映不同区域作物生产潜力的多年平均状况[32-33],在我国被广泛使用。因此本研究采用 AEZ 模型,按照"光、温、水、土等"逐级衰减的方式来计算水稻生产潜力。其函数表达式如下:

$$Y_G = Q \times f_{(Q)} \times f_{(T)} \times f_{(W)} \times f_{(S)} \times f_{(M)}$$
$$= Y_Q \times f_{(T)} \times f_{(W)} \times f_{(S)} \times f_{(M)}$$
$$= Y_T \times f_{(W)} \times f_{(S)} \times f_{(M)}$$

$$= Y_W \times f_{(S)} \times f_{(M)}$$
$$= Y_S \times f_{(M)}$$
$$= Y_M \tag{4.1}$$

式中:Y_G 为水稻生产潜力(kg/hm²);Q 为太阳总辐射(MJ/m²);$f_{(Q)}$ 为光合有效系数;Y_Q 为光合生产潜力(kg/hm²);$f_{(T)}$ 为温度有效系数;Y_T 为光温生产潜力(kg/hm²);$f_{(W)}$ 为水分有效系数;Y_W 为光温水生产潜力(气候生产潜力,kg/hm²);$f_{(S)}$ 为土壤有效系数;Y_S 为光温水土生产潜力(土地生产潜力,kg/hm²);$f_{(M)}$ 为社会因子有效系数;Y_M 为社会生产潜力(kg/hm²)。

由于长江中下游地区双季稻的需水量平均为767 mm,湖南和江西两省年降水量均超过了1 200 mm,两省的农田有效灌溉面积分别占耕地面积的71.67%和67.46%,两省的稻田面积分别占耕地面积的76.89%和82.01%[34-36],且两省的主要灌溉面积集中在水稻产区,故可以认为湖南和江西两省的降水量及农田灌溉条件可以满足超级稻生产对水分的需求,所以本章不讨论水分条件对超级稻生产潜力的影响,把超级稻的光温生产潜力作为气候生产潜力。另由于本章主要讨论分析双季稻的气候生产潜力,亦不讨论土地条件和社会各因素对超级稻生产潜力的影响。

4.2.4 光合生产潜力

光合生产潜力指假定温度、水分、二氧化碳、土壤肥力、作物的群体结构、农业技术措施均处于最适宜条件下,由当地太阳辐射单独所决定的产量,是作物产量的理论上限。计算公式如下:

$$Y_Q = K\Omega\varepsilon\varphi(1-\alpha)(1-\beta)(1-\rho)(1-\gamma)(1-\omega)(1-\eta)^{-1}(1-\xi)^{-1} \times e \times q^{-1} \times f(L) \times \sum Q_j \tag{4.2}$$

式中:Q_j 为生长季各旬太阳总辐射(MJ/m²),其他参数参考高素华[37]及本课题组提供的资料,见表4.1。

表 4.1　光合生产潜力计算所用的参数和取值

参数	物理意义	取值
ε	光合有效辐射的比例	0.49
φ	光合作用量子效率	0.22
α	植物群体反射率	0.06
β	植物繁茂群体透射率	0.08
ρ	非光合器官截获辐射能占总辐射能的比例	0.10
γ	超过光饱和点的比例	0.05
ω	呼吸消耗占光合产物的比例	0.33
η	成熟谷物的含水率	0.14
ξ	植物无机灰分含量	0.08
e	作物经济系数	0.50
q	单位干物质含热量(MJ/kg)	16.9
Ω	作物光合固定 CO_2 能力的比例	0.90
$f(L)$	作物叶面积动态变化订正值	0.56
K	单位换算系数	10 000

其中，生长季各旬太阳总辐射 Q_j 可采用经验公式[38]计算：

$$Q_j = Q_0(a + b \times s) \tag{4.3}$$

式中：Q_j 为生长季各旬太阳总辐射（MJ/m^2）；Q_0 为天文总辐射（MJ/m^2）；s 为日照百分率（%）；a，b 为经验系数，可根据测站多年逐日辐射资料拟合得到，平均气候条件下 a 大约等于 0.25，b 大约等于 0.5。

日照百分率 s 通过实际日照时数（T_L，h）和理论日照时数（T_S，h）的比值获得，逐日的 T_S 采用 NOAA 的太阳时计算器获得（http://www.esrl.noaa.gov/gmd/grad/solcalc/azel.html）：

$$s = T_L/T_S \tag{4.4}$$

天文总辐射 Q_0 可通过日序和地理纬度进行计算[39-40]：

$$Q_0 = 37.6 \times dr \times (\omega_s \sin\varphi \sin\delta + \cos\varphi \cos\delta \sin\omega_s) \tag{4.5}$$

式中：37.6 为计算持续时间与太阳常数的关系系数；dr 为日地距离系数，见式（4.6）；δ 为太阳赤纬，见式（4.8）；φ 为纬度，南半球为负值；ω_s 为太阳时角，见式（4.9）。

$$dr = 1.000110 + 0.034221\cos\theta_0 + 0.00128\sin\theta_0 +$$
$$0.000719\cos(2\theta_0) + 0.000077\sin(2\theta_0) \tag{4.6}$$

其中，

$$\theta_0 = 2\pi \times (J-1)/365 \tag{4.7}$$

$$\delta = -23.45\pi/180 \times \cos[2\pi \times (J+10)/365] \tag{4.8}$$

式中：J 为计算当天的日序，1 月 1 日＝1。

$$\omega_s = [(\varphi - 120) \times 24/360] \times \pi/12 \tag{4.9}$$

4.2.5　光温生产潜力

在农业生产条件得到充分保证，水分、二氧化碳充分供应，无不利因素的条件下，理想群体在当地光、温资源条件下，所能达到的最高产量称为光温生产潜力。它是由太阳光能和热量资源共同决定的作物产量。其表达式为：

$$Y_T = Y_Q \times f_{(T)} \tag{4.10}$$

其中，$f_{(T)}$ 可表示为：

$$f_{(T)} = \frac{(T - T_1)(T_2 - T)^B}{(T_0 - T_1)(T_2 - T_0)} \tag{4.11}$$

其中，B 的表达式为：

$$B = \frac{T_2 - T_0}{T_0 - T_1} \tag{4.12}$$

式中：T 为生育期平均气温（本节采用旬平均气温，℃）；T_1，T_0，T_2 为水稻生育期三基点温度（℃），分别为下限温度、最适温度和上限温度，并且当 $T \leqslant T_1$ 或 $T \geqslant T_2$ 时，$f_{(T)}$ 取值为 0。

根据本课题组研究结果（详见本书第 3 章）并综合前人对超级稻的研究结果，本研究采用的超级稻对温度条件的要求见表 4.2。

表4.2　不同生育期的三基点温度　　　　　　　　　　　　　　　　单位:℃

生育期	下限温度	最适温度	上限温度
移栽期	15.0	25.0	35.0
分蘖期	18.5	29.0	37.2
幼穗分化期	17.0	27.8	40.0
花粉母细胞减数分裂期	17.0	27.8	40.0
抽穗开花期	15.7	26.9	38.1
灌浆结实期	15.0	25.0	35.0

4.2.6　数据处理

采用 MATLAB 对数据进行处理,采用薄膜样条插值法对数据进行空间插值处理,采用 SURFER 软件作图。

4.3　双季超级稻生产潜力分析

4.3.1　超级早稻生产潜力

(1)超级早稻光合生产潜力

图4.2为湖南和江西两省超级早稻在最适宜的生产条件下,通过光合作用可能达到的最高产量空间分布情况,两省双季稻区超级早稻光合生产潜力平均为 2.38×10^4 kg/hm²。由图4.2可见,两省早稻光合生产潜力空间分布表现为北高南低。超级早稻光合生产潜力最大值出现在湖南省的洞庭湖区和江西省的鄱阳湖区,其中江西九江市的湖口县和湖南益阳市的南县,超级早稻光合生产潜力分别达到 2.59×10^4 和 2.61×10^4 kg/hm²。超级早稻光合生产潜

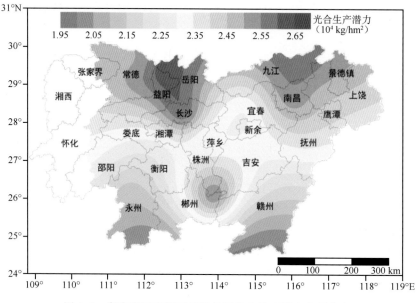

图4.2　湖南和江西两省超级早稻光合生产潜力空间分布

力中值区位于江西省和湖南省中部,其光合生产潜力介于 $2.45 \times 10^4 \sim 2.25 \times 10^4$ kg/hm² 之间。江西省赣州南部及湖南省的永州和郴州南部属于超级早稻光合生产潜力低值区,赣州的龙南县出现超级早稻光合生产潜力最小值,为 1.99×10^4 kg/hm²。

(2)超级早稻气候生产潜力

图 4.3 为湖南和江西两省超级早稻气候生产潜力的空间分布,两省双季稻区超级早稻气候生产潜力平均为 1.98×10^4 kg/hm²。两省超级早稻气候生产潜力与光合生产潜力空间分布有所差异,但高值区仍然主要集中在洞庭湖平原和鄱阳湖平原,湖南长沙的长沙县和江西九江的湖口县气候生产潜力分别达到 2.30×10^4 和 2.25×10^4 kg/hm²。江西省中部及西部以及湖南省的西部和中部地区属于中值区。超级早稻气候生产潜力最低值主要出现在两省南部丘陵山区,包括湖南的永州和郴州南部以及江西的赣州南部,其中湖南省郴州市的临武县和江西省赣州市的龙南县超级早稻气候生产潜力最低,为 1.80×10^4 kg/hm²。

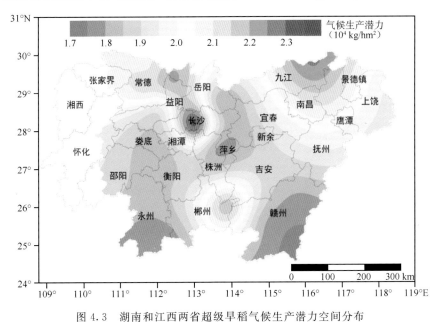

图 4.3 湖南和江西两省超级早稻气候生产潜力空间分布

(3)早稻实际产量

水稻的实际产量是在一定的农业技术水平下,水稻对种植地气候资源综合利用的具体表现,是分析水稻对光热资源的利用及增产潜力的基础。湖南和江西两省双季稻区早稻实际产量的空间分布见图 4.4,两省双季稻区早稻的实际产量平均为 0.60×10^4 kg/hm²,仅为超级早稻气候生产潜力的 30.30%。由图 4.4 可见,湖南省洞庭湖东部的岳阳、湘江流域的株洲与衡阳一带,以及江西省萍乡、赣州一带,早稻实际产量水平高,最高产量出现在湖南岳阳的平江县和江西省赣州市的南康区,产量分别为 0.75×10^4 和 0.74×10^4 kg/hm²。两省的南部和中部地区早稻的产量水平也较高,由该值区向东和向西,早稻产量逐渐降低,尤其在湖南省的西北部,是早稻产量最低的地区,其中湖南常德的澧县早稻产量只有 0.48×10^4 kg/hm²,相邻益阳市南县早稻产量只有 0.51×10^4 kg/hm²,江西省东部的鄱阳湖区、赣东北低山丘陵区的产量水平也较低。

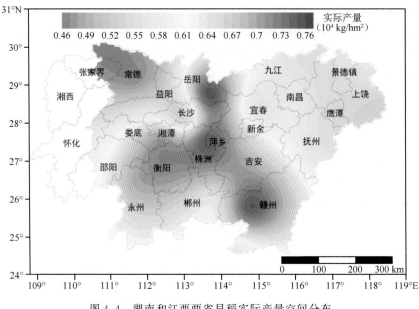

图 4.4　湖南和江西两省早稻实际产量空间分布

（4）早稻光合资源利用情况

水稻实际产量占光合生产潜力的百分率可以作为评价水稻对光合资源利用效率的指标。从图 4.5 可以看出，湖南省和江西省早稻光合资源利用率空间分布和实际产量空间分布相似，早稻对光合资源利用率高的地方主要集中在江西省的赣州市、萍乡市，以及湖南省的株洲市、衡阳市和永州市一带，利用率最高的地方是江西省的赣州南康区，为 33.76%。湖南省北部的张家界市、常德市、益阳市、长沙市，以及江西省东部的九江市、景德镇市、上饶市、鹰潭市和南昌市属于早稻光合资源利用率低的地区，最低值出现在湖南省常德市，光合资源利用率仅为 18.93%。两省平均，早稻光合资源利用率为 25.62%。

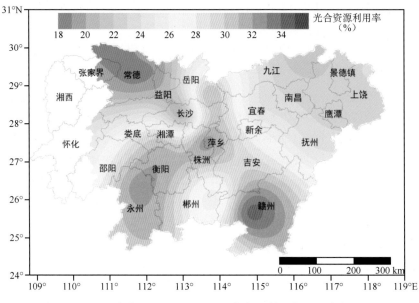

图 4.5　湖南和江西两省早稻光合资源利用率空间分布

（5）超级早稻热量资源利用情况

水稻光合生产潜力与光温生产潜力的差值可以反映水稻对种植区域热量的利用状况。图4.6是湖南和江西两省双季稻区超级早稻对当地热量资源的利用情况。从图4.6可以看出，从南到北，超级早稻对热量资源的利用程度逐渐减少。湖南省的岳阳、江西省的萍乡两市以及湖南省益阳市的南部地区是超级早稻对热量资源利用程度低集中的地区，湖南省岳阳市平江县超级早稻的光合生产潜力与光温生产潜力的差值最大，达到 0.62×10^4 kg/hm²。两省超级早稻对热量资源利用程度最高的地点是江西省赣州的龙南县，超级早稻的光合生产潜力与光温生产潜力的差值仅为 0.18×10^4 kg/hm²。两省平均而言，如果能充分地利用热量资源，超级早稻可平均增产 0.40×10^4 kg/hm²。

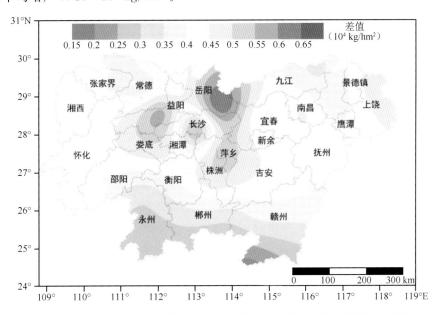

图 4.6　湖南和江西两省超级早稻光合生产潜力与光温生产潜力差值的空间分布

（6）超级早稻生产潜力利用率

水稻实际产量占气候生产潜力的百分率，可以作为评价种植地区水稻生产潜力利用情况的指标，数值越高，表明其实际产量越接近于生产潜力。图4.7展示出了湖南和江西两省超级早稻生产潜力利用率的空间分布。两省双季稻区超级早稻生产潜力利用率平均达到30.87%，表明超级早稻的实际产量水平只有气候生产潜力的约1/3。从图4.7可以看出，两省双季稻区的中部及南部地区是超级早稻生产潜力利用率水平高的地区，其中湖南省的岳阳市、株洲市，以及江西省的萍乡市和赣州地区，超级早稻生产潜力利用率约为40%，湖南省岳阳市平江县的生产潜力利用率最高，为40.08%。湖南省北部的张家界和常德两市以及江西省东北部地区，是超级早稻生产潜力利用率最低的地方，其中常德市超级早稻生产潜力利用率最低，仅为22.58%，这也是该地区超级早稻产量低的原因之一。

（7）超级早稻增产潜力

水稻气候生产潜力与实际产量的差值可以看作水稻的增产潜力，也是农业技术开发利用促进水稻产量增加的潜力。湖南和江西两省超级早稻增产潜力的空间分布见图4.8。湖南和江西两省双季稻区超级早稻增产潜力平均为 1.38×10^4 kg/hm²。两省超级早稻增产潜力空间

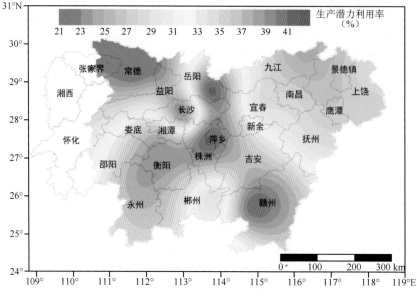

图 4.7　湖南和江西两省超级早稻生产潜力利用率空间分布

分布呈现出由两省中部向东和向西、由两省南部向北部依次递增的趋势。两省增产潜力最小的区域在湖南省的岳阳市、株洲市、衡阳市和永州市一带以及江西省的萍乡和赣州两市，岳阳市平江县和赣州市南康区的增产潜力最低，为 $1.12×10^4$ kg/hm^2。湖南湘北平原区的长沙市、常德市、益阳市以及江西鄱阳湖区和赣东北低山丘陵区是超级早稻增产潜力最大的地区，也是超级早稻产量水平低的区域，湖南省长沙县超级早稻增产潜力最大，为 $1.76×10^4$ kg/hm^2。

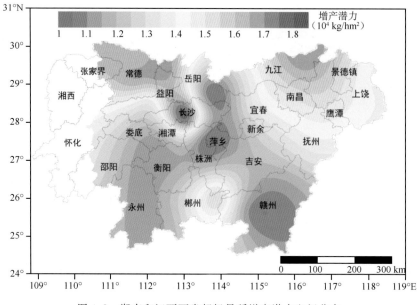

图 4.8　湖南和江西两省超级早稻增产潜力空间分布

4.3.2 超级晚稻生产潜力

（1）超级晚稻光合生产潜力

图 4.9 为湖南和江西两省超级晚稻光合生产潜力的空间分布。两省双季稻区超级晚稻光合生产潜力平均为 2.56×10^4 kg/hm^2，两省超级晚稻光合生产潜力南北差异较小，变化幅度在 $2.18 \times 10^4 \sim 2.76 \times 10^4$ kg/hm^2 之间。两省双季稻区超级晚稻光合生产潜力高值区主要集中在两省北部的洞庭湖平原和鄱阳湖平原以及两省南部交界的山区，其中江西省九江市湖口县的超级晚稻光合生产潜力最大，为 2.76×10^4 kg/hm^2；两省中部地区为超级晚稻光合生产潜力中值区，为 $2.40 \times 10^4 \sim 2.60 \times 10^4$ kg/hm^2；低值区主要出现在湖南省南部的永州和郴州两市及江西省的赣州市，其中湖南省的临武县超级晚稻的光合生产潜力为 2.18×10^4 kg/hm^2，是两省的最低值。

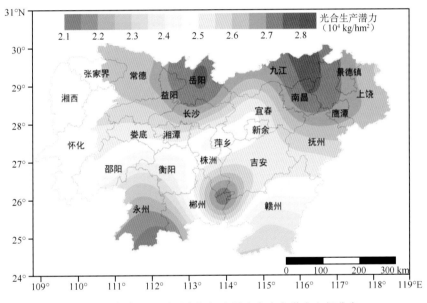

图 4.9　湖南和江西两省超级晚稻光合生产潜力空间分布

（2）超级晚稻气候生产潜力

图 4.10 给出的是湖南和江西两省超级晚稻气候生产潜力的空间分布。两省超级晚稻气候生产潜力空间分布呈由东南向西北逐渐递减的趋势，两省双季稻区超级晚稻光合生产潜力平均为 1.99×10^4 kg/hm^2，江西省超级晚稻的气候生产潜力平均为 2.08×10^4 kg/hm^2，高于湖南省的 1.91×10^4 kg/hm^2。两省超级晚稻气候生产潜力高值区主要出现在江西省南部的南昌—抚州—赣州一带、江西萍乡—湖南株洲一带，超级晚稻气候生产潜力最大值出现在湖南省株洲市的醴陵市和江西省赣州市的宁都县，分别为 2.28×10^4 和 2.27×10^4 kg/hm^2。江西省除九江市及宜春市外的大部分地区以及湖南省的长沙市、益阳市、岳阳市和株洲市超级晚稻的气候生产潜力也较高，介于 $1.85 \times 10^4 \sim 2.15 \times 10^4$ kg/hm^2 之间；超级晚稻气候生产潜力低值区位于湖南省的邵阳市、永州市、郴州市和江西省的九江市等地，其中，湖南省郴州市的临武县和邵阳市的武冈县仅分别为 1.53×10^4 和 1.57×10^4 kg/hm^2，约为最高生产潜力的 2/3。

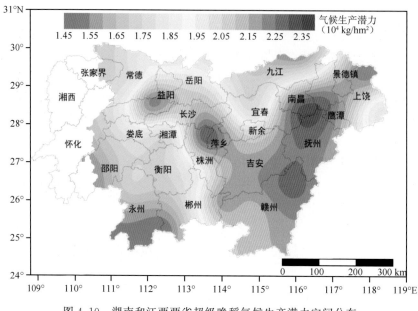

图 4.10　湖南和江西两省超级晚稻气候生产潜力空间分布

（3）晚稻实际产量

图 4.11 为湖南和江西两省晚稻实际产量空间分布。两省双季稻区晚稻平均产量，湖南省为 $0.68×10^4$ kg/hm²，江西省为 $0.60×10^4$ kg/hm²，两省晚稻平均产量为 $0.64×10^4$ kg/hm²。从图 4.11 可以看出，洞庭湖区的岳阳市及湘江流域的长沙市、湘潭市、株洲市和衡阳市一带是两省晚稻产量最高的地方，平均产量高于 $0.73×10^4$ kg/hm²，最高单产出现在岳阳市的平江县，为 $0.81×10^4$ kg/hm²。两省双季稻区晚稻产量较低的地区主要集中在江西省东北部，尤其是景德镇市、上饶市和九江市，三地晚稻产量水平最低，其中上饶市婺源县晚稻的产量只有 $0.48×10^4$ kg/hm²，为两省晚稻产量的最低值，其产量水平仅为平江县的 59.26%。

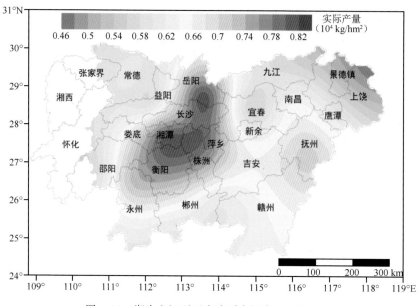

图 4.11　湖南和江西两省晚稻实际产量空间分布

（4）晚稻光合资源利用情况

图 4.12 为湖南和江西两省晚稻光合资源利用情况空间分布图。与晚稻实际产量空间分布类似，产量高的地方光合资源利用率高。两省晚稻光合资源利用率高的区域主要集中在湘江流域的长沙市、湘潭市、株洲市、衡阳市、永州市及江西省萍乡市，晚稻光合资源利用率平均高于 30%，最高地点在湖南省株洲市的醴陵市，利用率为 32.76%。江西省赣州市、抚州市、吉安市属于晚稻光合资源利用率水平一般的区域，江西省北部、湖南省北部以及两省南部交界的山区是晚稻光合资源利用率低的区域，最低值出现在江西省上饶市的婺源县，利用率仅为 18.26%。总体而言，两省晚稻光合资源利用率平均为 25.23%。

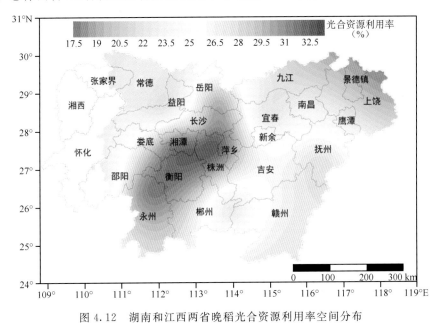

图 4.12　湖南和江西两省晚稻光合资源利用率空间分布

（5）超级晚稻热量资源利用情况

图 4.13 为湖南和江西两省超级晚稻光合生产潜力与光温生产潜力差值的空间分布图，图中差值越小，说明水稻对热量资源利用越充分。从图 4.13 可以看出，湖南和江西两省超级晚稻对热量资源的利用呈现出由东南向西北递减的趋势，热量资源平均增产潜力为 0.57×10^4 kg/hm²。江西省东南部的赣州市、抚州市南部是超级晚稻高效利用热量资源的集中区域，其中赣州市龙南县热量资源对晚稻的增产潜力只有 0.19×10^4 kg/hm²。江西省西北部、湖南省北部和西部，超级晚稻的光合生产潜力与光温生产潜力的差值较大，说明这些地区的热量资源利用不充分，差值最大的地区主要集中在江西省九江市及湖南省邵阳市、怀化市、常德市和张家界市，最大值出现在江西省九江市的湖口县，为 1.17×10^4 kg/hm²。

（6）超级晚稻气候生产潜力利用率

从湖南和江西两省超级晚稻气候生产潜力利用率的空间分布图上可以看出（见图 4.14），湖南省超级晚稻对气候生产潜力的利用率高于江西省，湖南省大部分地区属于利用率较高的地区，平均为 35.94%；而江西省大部分地区则属于利用率较低的地方，平均为 29.08%。两省超级晚稻对气候生产潜力利用率最高的地区主要出现在湖南省的湘潭、衡阳和永州，利用率超过 40%，其中湘潭市的湘乡市的利用率最高，为 43.91%。两省超级晚稻对气候生产潜力利用率最低的地区集中在江西省的景德镇市、鹰潭市、上饶市和赣州市,其中上饶婺源县的利用率仅为 21.26%,是两省的最低值。

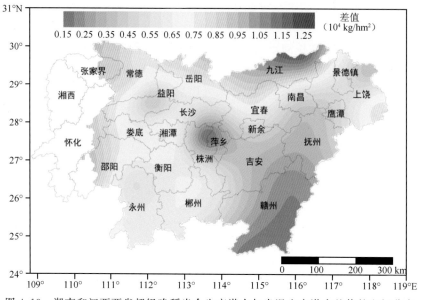

图 4.13　湖南和江西两省超级晚稻光合生产潜力与光温生产潜力差值的空间分布

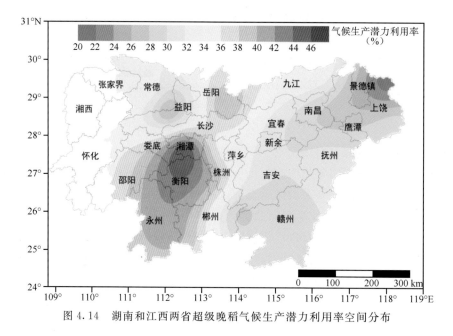

图 4.14　湖南和江西两省超级晚稻气候生产潜力利用率空间分布

（7）超级晚稻的增产潜力

图 4.15 为湖南和江西两省超级晚稻气候生产潜力与实际产量差值的空间分布,即超级晚稻增产潜力的空间分布。由图 4.15 可见,湖南和江西两省超级晚稻增产潜力表现为东部高、西部低的特点。与超级晚稻气候生产潜力利用率相对应,江西省晚稻增产潜力较高,平均值为 1.48×10^4 kg/hm²,湖南省超级晚稻增产潜力相对较小,为 1.23×10^4 kg/hm²,两省平均为 1.35×10^4 kg/hm²。两省超级晚稻增产潜力最大的地区主要出现在江西省的赣州市、抚州市、南

昌市、上饶市等地,其中上饶市的婺源县的超级晚稻增产潜力最大,达到 1.76×10^4 kg/hm²。两省超级晚稻增产潜力最小的地区主要分布在湖南省的郴州市、永州市、衡阳市、湘潭市及江西省的九江市等地,其中湖南省郴州市临武县的增产潜力只有 0.92×10^4 kg/hm²。

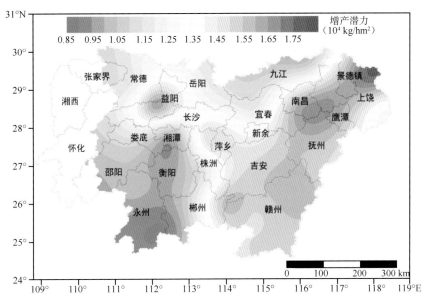

图 4.15　湖南和江西两省超级晚稻气候生产潜力与实际产量差值的空间分布

4.3.3　双季超级稻生产潜力

（1）双季超级稻光合生产潜力

图 4.16 为湖南和江西两省双季稻区超级早稻和超级晚稻光合生产潜力的空间分布,两省的双季超级稻光合生产潜力由北向南逐渐降低。两省双季超级稻平均光合生产潜力为 4.94×10^4 kg/hm²。两省双季超级稻光合生产潜力高值区主要出现在江西省北部鄱阳湖区的九江市、上饶市和南昌市以及湖南省北部洞庭湖区的岳阳市、益阳市和长沙市,其中最大值出现在江西省九江市的湖口县,为 5.36×10^4 kg/hm²,湖南省益阳市的南县双季稻光合生产潜力也高达 5.31×10^4 kg/hm²。两省的中部地区皆属于双季超级稻光合生产潜力的中值区。两省双季超级稻光合生产潜力低值区主要出现在两省南部,集中在江西省的赣州市及湖南省的永州市和郴州市,其中江西省赣州市的龙南县和湖南省郴州市的临武县双季超级稻光合生产潜力分别只有 4.28×10^4 和 4.26×10^4 kg/hm²,光合生产潜力最低。

（2）双季超级稻气候生产潜力

从图 4.17 湖南和江西两省双季超级早稻和超级晚稻气候生产潜力的空间分布可见,两省双季超级稻气候生产潜力空间分布有明显的区域性,大致表现出由东部向西部降低的趋势,两省双季超级稻的平均气候生产潜力为 3.97×10^4 kg/hm²。江西省大部分地区双季超级稻气候生产潜力高于湖南省,江西省平均为 4.06×10^4 kg/hm²,高于湖南省 0.17×10^4 kg/hm²。两省双季超级稻气候生产潜力高值区主要集中在江西省的抚州市、南昌市、上饶市、景德镇市一带和湖南省的长沙市、益阳市一带,其中湖南省长沙县和江西省上饶市的余干县双季超级稻气候生产潜力分别高达 4.37×10^4 和 4.36×10^4 kg/hm²,是两省的最高值。低值区主要集中在湖南省中部和南部的邵阳市、衡阳市、永州市和郴州市,其中郴州市的临武县是两省双季超级稻气候生产潜力最低值出现的地方,双季超级稻气候生产潜力仅为 3.33×10^4 kg/hm²。

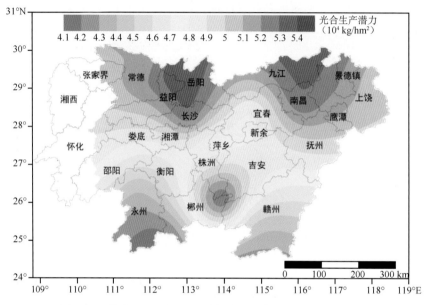

图 4.16　湖南和江西两省双季超级稻光合生产潜力空间分布

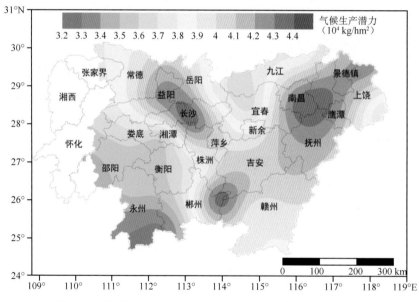

图 4.17　湖南和江西两省双季超级稻气候生产潜力空间分布

(3)双季稻实际产量

由湖南和江西两省双季稻实际产量的空间分布(见图 4.18)可知,两省双季稻平均产量为 1.25×10^4 kg/hm²,湖南省和江西省平均产量分别为 1.29×10^4 和 1.20×10^4 kg/hm²。与双季稻气候生产潜力分布不同,两省双季稻高产区主要集中在湖南省洞庭湖区的岳阳市及湘江流域的株洲市、湘潭市、衡阳市、永州市,其中湖南省岳阳市的平江县是两省双季稻产量最高的地方,产量达到 1.56×10^4 kg/hm²。湖南省双季稻区的西北部和江西省的东北部是双季稻产量的低值区,湖南省的张家界市、常德市、益阳市及江西省的上饶市、景德镇市和九江市东部双季稻产量水平低,其中江西省上饶市的婺源县双季稻产量只有 $1.04×10^4$ kg/hm²,比产量最高的平江县低 $0.52×10^4$ kg/hm²。

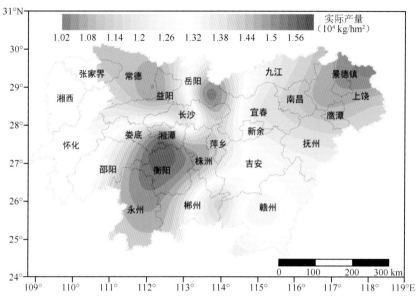

图 4.18　湖南和江西两省双季稻实际产量空间分布

（4）双季稻光合资源利用情况

与湖南省和江西省双季稻实际产量分布相似,两省双季稻光合资源利用率也呈现出明显的区域化分布(见图 4.19),平均光合资源利用率为 25.41%。两省双季稻光合资源利用率高的区域主要集中在江西省的赣州市、萍乡市和湖南省湘江流域的株洲市、衡阳市、永州市一带,光合资源利用率高于 30%,最高值出现在湖南省株洲市的醴陵市,为 32.04%。江西省东北部

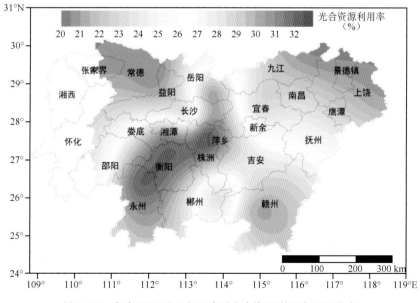

图 4.19　湖南和江西两省双季稻光合资源利用率空间分布

的上饶市、景德镇市、九江市和湖南省北部的张家界市、常德市等地双季稻光合资源利用率很低,尤其是江西省上饶的婺源县,仅有 20.59%。

(5)双季超级稻热量资源利用情况

从湖南和江西两省双季超级稻对热量资源的利用情况(见图 4.20)可以看出,在江西省东南部的赣州市,双季超级稻对热量资源利用得最充分,热量资源在这里的增产潜力小于 0.6×10^4 kg/hm²,最小值出现在龙南县,只有 0.37×10^4 kg/hm²,从赣州市向北、向西,两省双季超级稻光合生产潜力与光温生产潜力的差值逐渐增加,在湖南省西部和江西省北部达到最大值,说明双季超级稻对热量资源的利用效率在逐渐降低,江西省的九江市双季超级稻对热量资源的利用率达到最低,其中湖口县热量资源对双季超级稻的增产潜力达 1.51×10^4 kg/hm²。

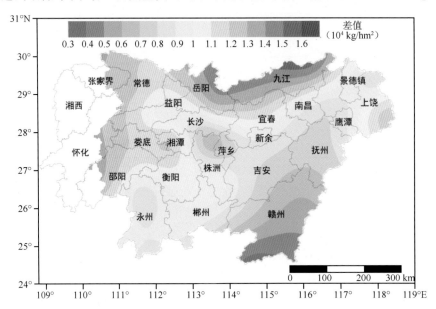

图 4.20　湖南和江西两省双季超级稻光合生产潜力与光温生产潜力差值空间分布

(6)双季超级稻生产潜力利用率

湖南和江西两省双季超级稻平均生产潜力利用率为 31.60%,变动幅度在 24.79%~33.46%之间。江西省双季超级稻平均生产潜力利用率为 29.57%,低于湖南省的 33.46%。从湖南和江西两省双季超级稻生产潜力利用率的空间分布(见图 4.21)可以看出,以湖南省衡阳市为中心,湘潭市、株洲市、永州市和岳阳市西部是两省双季超级稻生产潜力利用率最高的区域,最大值出现在岳阳市的平江县,高达 33.46%。双季超级稻生产潜力利用水平低的区域主要分布在江西省东北部的上饶市、景德镇市,以及湖南省北部的张家界市、常德市和益阳市,其中上饶市的婺源县双季超级稻生产潜力利用率最低,仅为 24.79%。

(7)双季超级稻的增产潜力

图 4.22 为湖南和江西两省双季超级稻增产潜力的空间分布。两省双季超级稻增产潜力为北高南低,平均为 2.72×10^4 kg/hm²,江西省双季超级稻的增产潜力为 2.86×10^4 kg/hm²,比湖南省高 0.26×10^4 kg/hm²。两省双季超级稻增产潜力最大的区域主要出现在湖南省北部洞庭湖平原的长沙市、益阳市和常德市,以及江西省东北部鄱阳湖区的景德镇市、上饶市、鹰潭市和南昌市,其中上饶市的余干县增产潜力最大,为 3.20×10^4 kg/hm²。湖南省南部大部

分地区和岳阳市东部是两省双季超级稻增产潜力较小的区域,其中郴州市的临武县双季超级稻的增产潜力仅为$2.08×10^4$ kg/hm²,是两省双季超级稻增产潜力最小的地区。

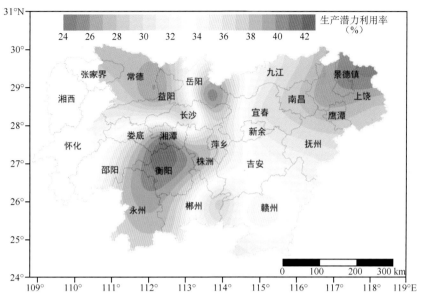

图 4.21 湖南和江西两省双季超级稻生产潜力利用率空间分布

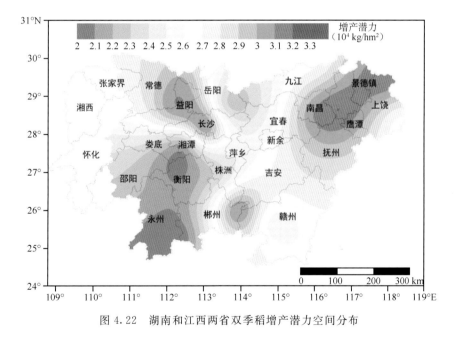

图 4.22 湖南和江西两省双季稻增产潜力空间分布

4.4 结论与讨论

(1)超级稻对光能及热量的利用水平高于常规水稻品种,所以本章计算得出的超级稻气候生产潜力高于帅细强等[9]、辜晓青等[11]对水稻生产潜力的研究结果,同时由于本章仅计算了移栽—成熟期超级早稻和超级晚稻的生产潜力,所以计算结果小于陆魁东等[8]的计算结果,可以认为计算结果在合理范围之内。

(2)湖南省和江西省双季稻区,超级早稻平均光合生产潜力为 2.38×10^4 kg/hm²,变化幅度为 $1.99 \times 10^4 \sim 2.61 \times 10^4$ kg/hm²,气候生产潜力为 1.98×10^4 kg/hm²,变化幅度为 $1.80 \times 10^4 \sim 2.30 \times 10^4$ kg/hm²,光合生产潜力和气候生气潜力区域内变化较小。江西的鄱阳湖区以及湖南洞庭湖区属于超级早稻气候生产潜力较高的地区,江西与湖南南部丘陵山区是超级早稻气候生产潜力低值区。从气候生产潜力的利用率来看,两省超级早稻的生产潜力利用率平均为 30.87%,说明两省超级早稻生产对光热资源利用率水平低,产量提升空间巨大,增产潜力平均为 1.38×10^4 kg/hm²。结合早稻实际产量、光合资源利用、热量资源利用和气候生产潜力利用情况分析,可以发现早稻产量高的区域对光热资源利用比较充分,而产量水平低的区域湖南的西北部、江西东部的鄱阳湖区、赣东北低山丘陵区对光热资源尤其是光合资源利用率低,这些区域增产潜力最高可达 1.76×10^4 kg/hm²,说明光合资源的充分利用是超级早稻产量提高的关键。

(3)湖南省和江西省双季稻区,超级晚稻光合生产潜力平均为 2.56×10^4 kg/hm²,变化幅度仅为 $2.18 \times 10^4 \sim 2.76 \times 10^4$ kg/hm²;气候生产潜力平均为 1.99×10^4 kg/hm²,变化幅度为 $1.53 \times 10^4 \sim 2.28 \times 10^4$ kg/hm²;两省超级晚稻气候生产潜力利用率稍高于超级早稻,但水平也较低,平均为 32.66%。通过分析超级晚稻对光合、热量及气候生产潜力利用率的情况,发现江西省东部的南昌、抚州、赣州中部气候生产潜力高,但实际产量水平较低,主要原因在于该区域超级晚稻生产对光合资源利用率很低,导致气候生产潜力利用率低。洞庭湖东部和湘江流域对光合资源和气候生产潜力利用率高,晚稻实际产量水平高,所以,提高以光合资源利用率为核心的光热资源利用率是发挥晚稻气候生产潜力的关键。两省超级晚稻增产潜力平均为 1.35×10^4 kg/hm²,变化幅度为 $0.92 \times 10^4 \sim 1.76 \times 10^4$ kg/hm²,湖南省西南部和江西省九江市是两省晚稻增产潜力低的区域,同时也是两省光合资源利用率最低的区域,要提高晚稻产量,必须注重晚稻对光合资源的高效利用。

(4)两省双季超级稻光合生产潜力平均为 4.94×10^4 kg/hm²,由北向南递减,变化幅度为 $4.26 \times 10^4 \sim 5.36 \times 10^4$ kg/hm²。双季超级稻的气候生产潜力变化幅度为 $3.33 \times 10^4 \sim 4.37 \times 10^4$ kg/hm²,平均为 3.97×10^4 kg/hm²,江西省高于湖南省。两省双季稻实际产量与超级稻的气候生产潜力区域分布有明显差异,两省双季稻的高产区主要集中在湘中腹地及湘江流域经济发达的地区,湘西北和赣东北双季稻产量最低,但这两个区域气候生产潜力较高,计算结果表明这两个区域双季稻的光热资源利用率低,这也使这两个区域成为两省双季稻增产潜力最大的区域。就两省而言,双季稻平均增产潜力为 2.72×10^4 kg/hm²,江西省大部分地区,包括洞庭湖区、赣东北、赣中和赣南,双季稻增产潜力大,超过 2.23×10^4 kg/hm²,而湖南省大部分地区双季稻增产潜力比较低,小于 1.97×10^4 kg/hm²。

(5)超级早稻和超级晚稻在不同区域对两省双季超级稻增产潜力贡献不同。在湖南省特别是湘北地区,超级早稻的增产潜力对该地区双季稻增产的贡献超过超级晚稻的贡献,该地区超级早稻的增产主要靠提高超级早稻对光合资源的利用。在江西省的南部及中部,超级晚稻的产量的提高对该地区的水稻总产显得更为重要,超级晚稻在该地区对热量资源的利用率比较高,但超级晚稻对光合资源利用率比较低,说明该地区超级晚稻的增产更要通过农业技术综合开发和利用,采用适于当地气候的超级晚稻品种,充分利用当地的辐射资源来实现。对于江西省洞庭湖平原和赣东北地区,早稻和晚稻的增产则显得同等重要。对于两省的其他地区,则应进一步通过农业技术的配套应用,提高超级稻产量。

(6)超级稻生育期内太阳辐射和温度的变化决定超级稻的气候生产潜力的高低。太阳辐射是水稻光合作用的来源,全球气候变化背景下,湖南省和江西省的日照时数呈减少趋势,这将影响该区域内超级稻的光合生产,进而影响产量,所以在该地区超级稻应该倾向于选择高光效的品种。受全球变暖的影响,21世纪以来湖南省和江西省双季稻区平均气温升高,≥10 ℃积温增加,双季稻生育期内的热量资源增加明显[8,10,16,41,42],温度的升高会导致水稻发育速度加快,生育期缩短,对早稻成熟期和晚稻返青分蘖期产生高温热害;另一方面,≥10 ℃积温增加同样也可以使水稻的育秧插秧期提前,安全齐穗期延后,双季稻的安全生长期延长,对水稻气候生产潜力提高具有一定的积极作用。所以,该区域内超级稻未来可以适当选择生育期长的超级早稻或超级晚稻品种,但必须考虑品种对高温热害的抵抗能力。另外,该区域降雨量也呈增加趋势,所以同时要加强农田水利设施的建设,防止极端降雨和干旱事件对超级稻带来的灾害。

参考文献

[1] 国统计局农村社会经济调查司.2013中国农村统计年鉴[M].北京:中国统计出版社,2013.

[2] 侯光良,刘允芬.我国气候生产潜力及其分区[J].自然资源,1985,(3):52-59.

[3] 张宪洲.我国自然植被第一性生产力的估算与分布[J].自然资源,1993,(1):15-21.

[4] 〔德〕尤·李比希.化学在农业和理学上的应用[M].刘更另,译.北京:农业出版社,1982.

[5] 任美锷.四川省作物生产力的地理分布[J].地理学报,1950,16(5):11-16.

[6] 竺可桢.论我国气候的几个特点及其与粮食作物的关系[J].地理学报,1964,30(1),1-13.

[7] 李三爱,居辉,池宝亮.作物生产潜力研究进展[J].中国农业气象,2005,26(2):106-111.

[8] 陆魁东,屈右铭,张超,等.湖南气候变化对农作物生产潜力的响应[J].湖南农业大学学报:自然科学版,2007,33(1):9-13.

[9] 帅细强,王石立,马玉平,等.基于ORYZA2000模型的湘赣双季稻气候生产潜力[J].中国农业气象,2009,30(4):575-581.

[10] 吴珊珊,王怀清,黄彩婷.气候变化对江西省双季稻生产的影响[J].中国农业大学学报,2014,19(2):207-215.

[11] 辜晓青,李美华,蔡哲,等.气候变化背景下江西省早稻气候生产潜力的变化特征[J].中国农业气象,2010,31(S1):84-89.

[12] 於忠祥,姚建国.作物最高理论产量计算方法的应用——以合肥地区水稻为例[J].生物数学学报,2000,15(2):189-193.

[13] 周红艺,何毓蓉,张保华,等.长江上游典型区耕地的土地生产潜力——以四川省彭州市为例[J].中国科学院研究生院学报,2003,20(4):464-469.

[14] 刘博,杨晓光,王式功.东北地区主要粮食作物生产潜力估算与分析[J].吉林农业科学,2012,37(3):57-60.

[15] 江敏,金之庆,石春林,等.气候变化对福建省水稻生产的阶段性影响[J].中国农学通报,2009,25(10):220-227.

[16] 石全红,刘建刚,王兆华,等.南方稻区水稻产量差的变化及其气候影响因素[J].作物学报,2012,38(5):896-903.

[17] 姚凤梅,张佳华,孙白妮,等.气候变化对中国南方稻区水稻产量影响的模拟和分析[J].气候与环境研究,2007,12(5):659-666.

[18] 杨沈斌,申双和,赵小艳,等.气候变化对长江中下游稻区水稻产量的影响[J].作物学报,2010,**36**(9):
1 519-1 528.

[19] Katsura K,Maeda S,Horie T,*et al*. Analysis of yield attributes and crop physiological traits of Liangyou-peijiu,a hybrid rice recently bred in China [J]. *Field Crops Research*,2007,**103**(3):170-177.

[20] 翟虎渠,曹树青,万建民,等.超高产杂交稻灌浆期光合功能与产量的关系[J].中国科学(C辑),2002,**32**
(3):211-218.

[21] 程式华,曹立勇,陈深广,等.后期功能型超级杂交稻的概念及生物学意义[J].中国水稻科学,2005,**19**
(3):280-284.

[22] 叶子飘.光响应模型在超级杂交稻组合-Ⅱ优明86中的应用[J].生态学杂志,2007,**26**(8):1 323-1 326.

[23] 严斧,李悦丰,卓儒洞.两系组合两优培九与三系组合Ⅱ优58后期光合生产特性比较研究[J].杂交水稻,2001,**16**(1):51-54.

[24] 杨惠杰,李义珍,杨仁崔,等.超高产水稻的干物质生产特性研究[J].中国水稻科学,2001,**15**(4):
265-270.

[25] 吴文革,吴桂成,杨联松,等.超级稻Ⅲ优98的产量构成与物质生产特性研究[J].扬州大学学报,2006,
27(2):11-15.

[26] 吴文革,张洪程,钱银飞,等.超级杂交中籼水稻物质生产特性分析[J].中国水稻科学,2007,**21**(3):
287-293.

[27] Wu W,Zhang H,Qian Y,*et al*. Analysis on dry matter production characteristics of super hybrid rice [J].
Rice Science,2008,**15**(2):110-118.

[28] 严进明,翟虎渠,张荣铣,等.重穗型杂种稻光合作用和光合产物运转特性研究[J].作物学报,2001,**27**
(2):261-266.

[29] Buenoa C S,Lafarge T. Higher crop performance of rice hybrids than of elite inbreds in the tropics:1. Hy-brids accumulate more biomass during each phenological phase [J]. *Field Crops Research*,2009,**112**(2):
229-237.

[30] 袁小乐,潘晓华,石庆华,等.双季超级稻的干物质生产特性研究[J].杂交水稻,2009,**24**(5):71-75.

[31] 杨重一,庞士力,孙彦坤.作物生产潜力研究现状与趋势[J].东北农业大学学报,2008,**39**(7):140-144.

[32] 王学强,贾志宽,李轶冰.基于AEZ模型的河南小麦生产潜力研究[J].西北农林科技大学学报:自然科学版,2008,**36**(7):86-90.

[33] 王素艳,霍治国,李世奎,等.中国北方冬小麦的水分亏缺与气候生产潜力——近40年来的动态变化研究[J].自然灾害学报,2005,**12**(1):121-130.

[34] 中华人民共和国统计局.2009中国统计年鉴[M].北京:中国统计出版社,2009.

[35] 湖南省统计局.2009湖南统计年鉴[M].北京:中国统计出版社,2009.

[36] 江西省统计局.2009江西统计年鉴[M].北京:中国统计出版社,2009.

[37] 高素华.中国三北地区农业气候生产潜力及开发利用对策研究[M].北京:气象出版社,1995.

[38] Ångström A. Solar and terrestrial radiation [J]. *Quarterly Journal of the Royal Meteorological Society*,
1924,**58**:389-420.

[39] Allen R G,Pereira L S,Raes D,*et al*. Crop evapotranspiration-Guidelines for computing crop water re-quirements-FAO Irrigation and drainage paper 56. 1998,FAO,Rome,**300**(9),D05109.

[40] 杨建莹,刘勤,严昌荣,等.近48 a华北区太阳辐射量时空格局的变化特征[J].生态学报,2011,**31**(10):
2 748-2 756.

[41] 李勇,杨晓光,代姝玮,等.长江中下游地区农业气候资源时空变化特征[J].应用生态学报,2010,**21**
(11):2 912-2 921.

[42] 陈辉,施能,王永波.长江中下游气候的长期变化及基本态特征[J].气象科学,2001,**21**(1):44-53.

第 5 章　双季超级稻种植精细化区划

5.1　区划研究概述

湖南省作为水稻生产大省,目前正在大力推广种植优质、高产的双季超级稻。双季超级稻由于品种和熟性搭配不同,品质和产量有所区别,各类熟性搭配种植区域主要取决于种植区的气候资源。由于湖南省地形复杂,境内多山地丘陵,对双季超级稻的大面积推广存在一定的制约条件,同时随着气候的年代际变化,气候资源的空间分布也随之发生变化,以前的双季稻区划已经不能满足当前双季超级稻推广的需求,因此有必要开展湖南省双季超级稻高产、品种熟性搭配和双季超级稻气象灾害风险精细化气候区划。

农作物种植气候适宜性区划是指遵循农业气候相似理论,选取适当的区划指标,根据适当的区划方法进行作物气候分区。选取能够反映农业生产对象与气候关系的农业气候指标是农业气候区划的基础和关键。选取指标的方法有定性选取和定量选取两种方法:定性选取是依据长期农业实践和经验直接选取合适的区划指标;定量研究精度较高,区划结果也更为客观,但对数据的依赖性大,常见的数理统计方法有主成分分析法和因子分析法。常用的区划方法有:逐级分区法、专家打分法、数理统计方法、模糊数学方法等。逐级分区法是根据对农业气候地域分异有重要意义的气候因子,依次确定出不同等级的主导指标和辅助指标,逐步进行划区,这种方法是定性研究的主要方法,会因选取的农业气候指标的误差累积导致区划结果精度不高。专家打分法是根据专家经验,对不同气候指标在区划中作用大小的差异赋予不同权重以构建综合指标而得名,专家打分法是定性与定量的结合,提高了区划效率。为了更加客观定量地进行区划,聚类分析方法、模糊数学方法等被应用到农业气候区划中,同时“3S”技术的发展,为农业气候区划提供了更丰富翔实的资料,提高了区划结果的可信度和准确性。

关于水稻种植的气候适宜性区划和评价,研究人员曾做了大量的工作。如:段居琦等[1]选取影响中国水稻种植分布的年尺度潜在气候因子,基于最大熵模型开展了全国双季稻种植区的气候适宜性研究,研究表明湖南东部为双季稻种植气候最适宜区;黄淑娥等[2]建立了江西省双季水稻各生育期光、温、水气候适宜度评价模型,开展了江西省双季水稻生长季气候适宜度评价;陆魁东等[3]针对一季超级稻播种育秧期的连阴雨及抽穗开花期的高温热害两种主要气象灾害指标,利用 GIS 技术,研究了湖南省一季超级稻适宜种植区域;廖玉芳等[4]、宋忠华等[5]研究了气候变化对湖南双季稻种植结构的影响。但目前针对双季超级稻熟性搭配气候适宜性区划的工作还很少见。因此,通过筛选气候因子开展湖南省双季超级稻种植气候适宜性分布研究,阐述湖南省双季超级稻与气候因子之间的关系,综合多个气候因子对湖南双季超级稻进行气候适宜性区划,以期为改进湖南省超级稻生产布局,评价湖南省水稻生产对气候变化的适应性和脆弱性及制定适应气候变化的政策提供决策参考。

5.2　资料与方法

5.2.1　资料来源

湖南省 97 个国家地面气象观测台站 1980—2012 年逐日气温、降水、日照观测资料来源于湖南省气象档案馆,湖南 1∶5 万数字高程数据来源于国家测绘局。双季超级稻精细化区划指标是在平均气温、日照时数的小网格空间插值的基础上统计计算得到的。本章研究分析所用资料为 1981—2010 年气候资料,如有特殊需求将在文中注明。

5.2.2　空间插值方法

随着经济社会发展的需求,农作物种植适宜性区划对空间网格化的气象要素数据要求越来越严格,而湖南省目前只有 97 个国家地面气象观测台站有长序列的气象观测资料,空间分辨率远远不能满足双季超级稻种植的精细化区划需求。因此,有必要基于地理地形因子,综合各种技术,对气象要素进行小网格空间插值,为双季超级稻精细化区划提供高分辨率的气象数据产品。

(1)日平均气温的空间插值

日平均气温插值采用考虑海拔高度影响的反距离权重高斯算子订正法(MRG),具体流程如下:

将湖南省地理高程数据重采样为 500 m×500 m,利用地面气象观测资料、台站经纬度、海拔高度建立观测值与经纬度、海拔高度的多元回归模型,并计算残差;利用多元回归模型推算出网格点值,然后残差值利用反距离权重高斯算子法订正到网格点上,求出网格点的最终值:

$$\text{网格点最终要素计算值}=\text{格点推算值}+\text{残差订正值} \tag{5.1}$$

反距离权重高斯算子法采用最近邻域法和反向距离法的基本原理,将高斯滤波算子作为距离权重方程,并且出于计算效率的考虑,设定一个有效作用距离,即截断距离,如果一个测值点与插值目标点的距离大于算子的截断距离,则其测值对目标点的贡献为 0。公式如下:

$$d_{i,j} = \sum_{k=1}^{n} W_k d_k \Big/ \sum_{k=1}^{n} W_k \tag{5.2}$$

当 $r>R_p$ 时,$W_{(r)}=0$;当 $r \leqslant R_p$ 时,$W_{(r)}=\exp\left[-\left(\dfrac{r}{R_p}\right)^2 \alpha\right]-\mathrm{e}^{-\alpha}$。

式中:$d_{i,j}$ 为待插值的残差;d_k 为第 k 个点的残差;k 为第 k 个被引用到的插值点;W_k 为第 k 个点到待插值点的距离权重;r 为第 k 个点到待插值点的距离;R_p 为截断距离;α 为与气象要素的距离相关性衰减率有关的参数,即高斯形态系数,α 越大,衰减率越高。

(2)日照时数的空间插值

日照时数的空间插值是先推算出气象站点和网格点逐日可照时数,分别求得月可照时数。由站点实际月日照时数/月可照时数得到月日照时数百分率,将月日照时数百分率利用 MRG 方法插值到网格点上。由网格点上的月日照百分率和月可照时数相乘,求得网格点上的月日照时数。网格点上日可照时数还考虑坡度、坡向等地形影响。

基于地面气象观测台站观测值的空间插值结果进行交叉检验,以确定不同气象要素的插值误差。交叉检验是一种主流的误差检验方法,即假定某一个观测站点的某气象要素未知,而用其余站点的观测值来估算,计算该站点实际观测值与估算值的差作为误差,依次循环计算每个站点的误差。表 5.1 给出了 1981—2010 年(最新 30 年气候段)日平均气温、月日照时数空间插值的误差检验结果。

表 5.1　1981—2010 年日平均气温、月日照时数空间插值的交叉检验效果评估表

	相关系数	平均绝对误差	平均均方根误差
日平均气温	0.99	0.49 ℃	0.71 ℃
月日照时数	0.96	12.54 h	16.20 h

5.2.3　区划数据集

对于已插值到小网格点 500 m×500 m 的 1980—2012 年逐日气象要素栅格数据,基于双季超级稻各项区划指标定义,统计形成长序列的指标栅格数据集。

5.2.4　MaxEnt 模型

MaxEnt 模型是以最大熵理论为基础的物种分布预测模型,广泛应用于物种现实生境模拟、生态环境因子筛选及环境因子对物种生境影响的定量描述。本书所用的是 MaxEnt 模型 3.3.3 版。利用 ArcGIS 10 的空间分析功能,对最大熵模型给出的湖南区域双季稻存在概率进行分析。选用空间数据插值分辨率为 500 m×500 m 的格点数据,基于 ≥10 ℃ 活动积温、10～22 ℃ 的活动积温、4—10 月降水量、4—10 月日照时数、3 月中旬平均气温、稳定通过 10 ℃持续日数、稳定通过 22 ℃持续日数、7 月平均气温 8 个潜在气候因子,作为最大熵模型的环境变量层输入;将湖南双季稻站点地理分布信息整理成 CSV 格式,作为最大熵模型的训练样本数据。

5.3　双季超级稻品种熟性搭配气候适宜性区划

5.3.1　指标

双季超级稻是喜温、喜光作物。双季早稻具有感温性强的特点,湖南省影响双季超级稻种植的主要气象因子是温度和日照,降水不是限制性因子。目前,超级早稻主要采取薄膜覆盖育秧技术,一般当日平均气温稳定通过 8 ℃时可以播种,而双季晚稻抽穗开花期间当日平均气温 ≤22 ℃就会造成生理障碍,基于前人相关研究成果和本项目 2012—2013 年超级稻分期播种田间试验结果,选取了 8～22 ℃活动积温作为衡量超级稻生长季节长短的主要因子。此外,还选取了超级稻大田生长期(3 月下旬至 10 月)内日照时数这个因子,由这 2 个主要因子构建了湖南省双季超级稻品种熟性搭配气候适宜性区划指标。

利用 1981—2010 年湖南全省 97 个气象站温、光资料,分析了 8～22 ℃活动积温和 3 月下旬至 10 月日照时数的地域特征。由图 5.1 和图 5.2 可见,这 2 个指标在空间上存在明显的地域性差异。

湖南省 8～22 ℃活动积温分布呈南多北少、东多西少的特点(见图 5.1),湖南省东部大多

在 4 000 ℃·d 以上,西部大多在 4 000 ℃·d 以下。衡阳市、邵阳市东部、株洲市中部、永州市中部、郴州市大部活动积温≥4 600 ℃·d,为全省热量资源最丰富的区域;长沙市、株洲市、湘潭市大部及岳阳市部分区域在 4 450～4 600 ℃·d 之间,为次丰富区域;澧水中下游沿岸河谷、沅水下游、资水中下游及洞庭湖区在 4 000～4 450 ℃·d 之间。

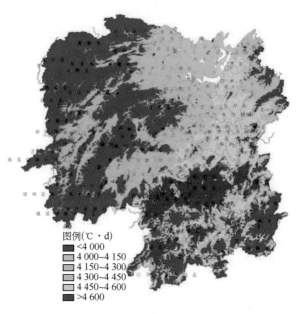

图 5.1　湖南省 8～22 ℃活动积温分布图

　　3 月下旬至 10 月日照时数呈北多南少、东多西少的分布态势(见图 5.2)。高值区位于洞庭湖区,日照时数≥1 120 h;湘江流域大部,湘、资、沅、澧四水尾闾及邵阳市大部在 970～1 120 h 之间;湘西大部和湘东南海拔较高地区低于 970 h。

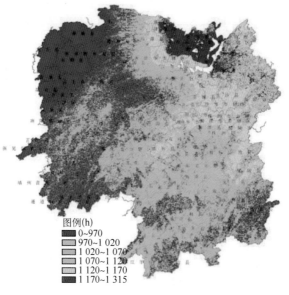

图 5.2　湖南省 3 月下旬至 10 月日照时数分布图

5.3.2　区划制作与结果分析

(1)区划制作

湖南省超级早稻一般在 3 月中下旬播种,7 月上中旬成熟收割,由于品种熟性的不同,生育期长度也有不同,一般早稻早熟品种生育期为 105 d 左右,中熟品种为 110 d 左右,迟熟品种为 115 d 左右;超级晚稻一般在 6 月中下旬播种,10 月下旬至 11 月上旬收获,一般晚稻早熟品种生育期为 110 d 左右,中熟品种为 115 d 左右,迟熟品种为 120 d 左右。即使是同一个品种在不同气候环境下,其生育期长短也存在差异。据长沙 2012 年田间试验表明,双季早稻淦鑫 203,播期分别为 3 月 14 日、3 月 25 日、4 月 2 日和 4 月 16 日,其全生育期分别为 123,115,107和102 d;4 个播种平均生育期为 114.4 d。晚稻迟熟品种岳优 6135 播期分别为 6 月 18 日、6月 27 日、7 月 4 日和 7 月 9 日,其全生育期分别为 119,120,119 和 117 d,全生育期平均为119 d。由此可见,早稻播期的差异,可导致全生育期存在明显的差别,而晚稻差异并不明显。由于湖南省各地温光资源差异明显,针对各地的气候资源实况,有必要开展双季超级稻的品种熟性搭配气候适宜性区划。

由于水稻品种分为早熟、中熟、迟熟三个熟性,早、晚稻熟性搭配可分为早熟+早熟、早熟+中熟、中熟+迟熟、中熟+中熟(早熟+迟熟)、迟熟+迟熟和不适宜(不适宜双季超级稻种植)6种类型。根据长沙 2012—2013 年超级稻田间试验结果及专家经验,对各气候适宜性区划指标在不同等级范围内给予不同的编码值 T,编码方法为:迟熟+迟熟编码 1、中熟+迟熟编码 2、中熟+中熟(早熟+迟熟)编码 3、早熟+中熟编码 4、早熟+早熟编码 5、不适宜编码 6。然后结合不同指标在区划中的权重 Q 计算出用于判断每个网格点的适宜性等级的综合指标 P,其表达式为:

$$P = \sum_{i=1}^{n} T_i \times Q_i \tag{5.3}$$

式中:i 为因子个数。

具体区划指标见表 5.2。

最后运用 GIS 技术制作主要农作物种植适宜性气候区划图。

表 5.2　双季超级稻品种熟性搭配气候适宜性区划指标

指标因子	迟熟+迟熟	中熟+迟熟	中熟+中熟	早熟+中熟	早熟+早熟	不适宜区	权重
8~22 ℃活动积温(℃·d)	≥4 600	4 450~4 600	4 300~4 450	4 150~4 300	4 000~4 150	<4 000	0.7
3月下旬至10月日照时数(h)	≥1 170	1 120~1 170	1 070~1 120	1 020~1 070	970~1 020	<970	0.3
编码值 T	1	2	3	4	5	6	
综合指标 P	1~1.6	1.7~2.6	2.7~3.6	3.7~4.6	4.7~5.6	≥5.7	

(2)结果分析

运用表 5.2 湖南省双季超级稻品种熟性搭配气候适宜性区划方法开展湖南省双季超级稻熟性搭配精细化气候适宜性区划,结果见图 5.3。由图 5.3 可知,湖南省适宜种植双季超级稻的区域主要分布在雪峰山脉和武陵山脉以东及怀化市的河谷地带。其中,迟熟+迟熟区、中熟+迟熟区两者面积之和占适宜种植面积的 2/5,主要分布在湘中以南丘陵地带、湘江下游及洞庭湖区北部。具体分区描述如下:

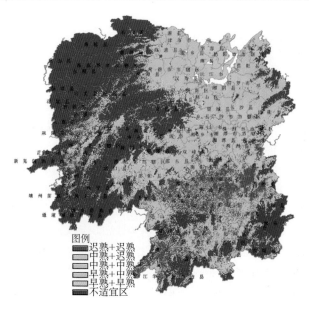

图例
迟熟＋迟熟
中熟＋迟熟
中熟＋中熟
早熟＋中熟
早熟＋早熟
不适宜区

图 5.3　湖南省双季超级稻熟性搭配精细化气候区划图

迟熟＋迟熟区：主要位于湘中以南丘陵地带，包括株洲市、衡阳市、永州市和郴州市等的大部分地方。其中，株洲市包括醴陵市大部、攸县东南部、茶陵县东部；衡阳市包括衡阳市郊、衡阳县南部、衡东县南部、耒阳市北部、常宁县、祁东县南部；永州市主要是东北部和南部，包括祁阳县、东安县东部、冷水滩区、零陵区北部、道县、江永县、宁远县南部、江华瑶族自治县（以下简称"江华县"）西部、新田县东部；郴州市主要是西部，包括嘉禾县中部、桂阳县西部、安仁县北部。

中熟＋迟熟区：位于东洞庭湖区及湘江流域，包括岳阳市西部、益阳市北部、长沙市中部、株洲市大部、湘潭市东部、衡阳市北部、永州市西北部和郴州市西部。其中，岳阳市包括华容县、岳阳市郊、岳阳县南部、汨罗市大部、湘阴县东部；益阳市包括南县、沅江市北部；长沙市包括长沙县大部、望城县东北部、浏阳市西部；株洲市包括株洲市郊、株洲县、攸县北部、茶陵县东部、炎陵县西北部；湘潭市包括湘潭市郊、湘潭县北部；衡阳市包括衡山县大部、衡阳县北部、衡东县北部；永州市包括东安县大部、零陵区北部；郴州市包括永兴县大部、资兴市东北部、北湖区、桂阳县、临武县南部、宜章县南部。

中熟＋中熟（早熟＋迟熟）区：主要位于常德市大部、益阳市中部、岳阳市东部、长沙市中部、娄底市东部、邵阳市东部、怀化市中部。其中，常德市包括常德市郊、澧县南部、津市、安乡县、桃源县大部、汉寿县北部；益阳市包括资阳区、赫山区东部；岳阳市包括临湘市大部、岳阳县北部、平江县西部；长沙市包括望城区大部、宁乡县东部；娄底市包括娄底市郊、双峰县大部、涟源市大部；邵阳市包括邵阳市郊、邵东县大部、新邵县南部、邵阳县大部；怀化市包括辰溪县西部、溆浦县北部、洪江市中部等区域。

早熟＋中熟区：夹杂在中熟＋中熟区内，区域不明显。

早熟＋早熟区：基本上在不适宜区的边缘。

不适宜区：主要位于湘西和湘东南山区，包括张家界市、湘西土家族苗族自治州（以下简称"湘西自治州"）、怀化市大部，及益阳、娄底、邵阳三市的西部。

5.4　双季超级稻气象灾害风险区划

5.4.1　指标

湖南省双季超级稻生长期间,主要气象灾害有低温冷害、高温热害、干旱和洪涝等,其中干旱、洪涝气象灾害与降水存在直接的关系,还与灌溉条件、灌溉能力、土壤保水能力等多种因素有关,而这些因素往往难以进行定量描述,又因为低温冷害和高温热害的人为影响因素较少,故在进行气象灾害风险区划时,只考虑对双季超级稻影响较大且人为干预较少的灾害因子,根据湖南省双季超级稻生产的实际情况,气象灾害区划主要选取"五月低温"、寒露风和 7 月至 8 月上旬的高温热害三个重要指标。"五月低温"主要对早稻返青分蘖和幼穗分化产生不利影响,一般表现为返青推迟、大田有效穗数明显减少,或幼穗分化受影响,导致空壳率增加。7 月上中旬高温主要对早稻灌浆期产生影响,易导致高温逼熟,使结实率和千粒重下降;7 月至 8 月上旬高温导致移栽后的晚稻返青分蘖。寒露风主要影响晚稻抽穗开花,使空壳率增多,甚至全穗都是空壳。

"五月低温"、7 月至 8 月上旬的高温热害和寒露风等级指标见表 5.3。

表 5.3　主要气象灾害等级指标

类型	"五月低温"		7 月至 8 月上旬高温热害		寒露风	
等级	日平均气温(℃)	持续天数(d)	日最高气温(℃)	持续天数(d)	日平均气温(℃)	持续天数(d)
轻度(1 级)	18～20	5～6	≥35	5～10	20～22	3～5
中度(2 级)	18～20	7～9	≥35	11～15	20～22	≥6
	15.6～17.9	7～8			18.5～20	3～5
重度(3 级)	18～20	≥10	≥35	≥16	≤20	≥6
	≤15.0	≥5			≤18.5	≥3

基于上述 3 种超级稻生产气象灾害等级指标,计算灾害的发生频次及等级,由此定义各灾害的气候风险指数(式(5.4)、式(5.5)和式(5.6))作为双季超级稻气象灾害风险区划指标。

$$\text{"五月低温"气候风险指数} = 1\text{级年频次} \times 1 + 2\text{级年频次} \times 2 + 3\text{级年频次} \times 3 \quad (5.4)$$

$$\text{高温热害气候风险指数} = 1\text{级年频次} \times 1 + 2\text{级年频次} \times 2 + 3\text{级年频次} \times 3 \quad (5.5)$$

$$\text{寒露风气候风险指数} = 1\text{级年频次} \times 1 + 2\text{级年频次} \times 2 + 3\text{级年频次} \times 3 \quad (5.6)$$

5.4.2　区划制作与结果分析

基于上述气象灾害对湖南省双季超级稻生产影响的程度,对于各风险区划指数在不同等级范围内给予不同的编码值,编码方法为:微风险区编码 1、低风险区编码 2、中风险区编码 3、高风险区编码 4。然后结合不同指标在区划中的权重 Q 计算出用于判断每个网格点的气象灾害区划等级的综合指标 P。具体区划方法见表 5.4。

湖南"五月低温"风险指数分布呈西高东低、北高南低的分布趋势,见图 5.4。湖南省西部和南部海拔较高(≥500 m)山区"五月低温"风险指数最高,在 2.0 以上,主要分布在张家界市大部、湘西自治州大部、益阳市西部、怀化市北部和南部、娄底市西部、邵阳市西南部、郴州市东部和南部高海拔地方、永州市南部海拔较高山区。上述区域的边缘地区,为风险指数次高区域,风险指数在 1.5～2.0 之间。洞庭湖区、湘中和湘西中部风险指数在 0.5～1.5 之间,主要包括常德市、岳阳市大部、益阳市北部、长沙市、湘潭市、娄底市东部、株洲市北部、邵阳市大部、湘西自治州东南部、怀化市中部、衡阳市北部。湘江上游大部区域风险指数在 0.5 以下,风险最低,主要包括衡阳市南部、株洲市南部、永州市大部和郴州市大部。

表 5.4　双季超级稻气象灾害风险区划方法

指标因子	微风险区	低风险区	中风险区	高风险区	权重 Q
"五月低温"风险指数	≤0.5	0.5～1.5	1.5～2.0	≥2.0	0.3
高温热害风险指数	≤1.0	1.0～2.0	2.0～2.5	≥2.5	0.2
寒露风风险指数	≤1.0	1.0～2.0	2.0～2.5	≥2.5	0.5
编码值 T	1	2	3	4	
综合指标 P	1～2.3	2.3～2.7	2.7～3.1	≥3.1	

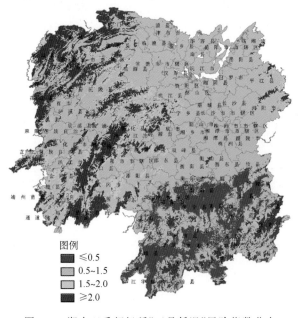

图 5.4　湖南双季超级稻"五月低温"风险指数分布

　　湖南省双季超级稻高温热害风险指数呈西低东高的分布趋势,见图 5.5。衡阳市大部以及长沙东部和株洲大部风险最高,风险指数在 2.5 以上。洞庭湖区南部、湘江中下游的西部、沅水下游、资水下游地区风险次高,风险指数在 2.0～2.5 之间,主要包括常德市南部、益阳市中部、岳阳市南部、长沙市西部、湘潭市大部、娄底市东部、衡阳市北部、永州市北部、郴州市北部。常德市北部、益阳市北部、岳阳市北部、邵阳市东部、怀化市中部、永州市中部等地风险指数在 1.0～2.0 之间。湘西大部、湘东和湘南海拔较高山区风险最低,风险指数在 1.0 以下,主要包括张家界市大部、湘西自治州、怀化市大部、娄底市大部、邵阳市西部、岳阳市东部、株洲市南部、永州市南部、郴州市东部和南部。

　　湖南省寒露风风险指数呈西高东低的分布趋势,见图 5.6。湘西大部、湘东和湘南海拔较高山区风险指数在 2.5 以上,主要包括张家界市大部、湘西自治州大部、益阳市南部、怀化市南

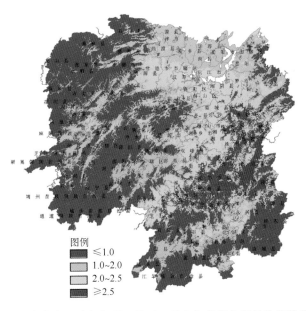

图 5.5　湖南省双季超级稻 7 月至 8 月上旬高温热害风险指数分布

部和北部、邵阳市西部、娄底市西部、岳阳市东部、郴州市东部和南部、永州市南部的海拔较高山区。上述区域的边缘地区,为风险指数次高区域,在 2.0～2.5 之间。湖南东部的大部区域以及湘西中部风险指数在 1.0～2.0 之间,主要包括常德市南部、岳阳市大部、益阳市北部、长沙市大部、娄底市东部、湘潭市、株洲市大部、衡阳市、邵阳市大部、怀化市中部、永州市北部和中部、郴州市大部。湘东南部分区域风险指数在 1.0 以下,风险最低,主要分布在永州市的冷水滩区南部、道县大部、江永县中部、江华县西部等地。

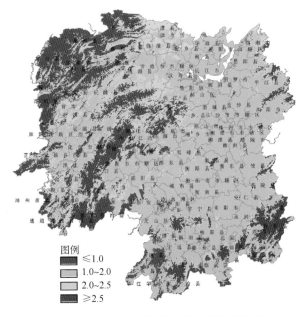

图 5.6　湖南省双季超级稻寒露风风险指数分布

运用表 5.4 开展湖南省双季超级稻气象灾害综合风险区划,结果见图 5.7。由图 5.7 可知,湖南省双季超级稻气象灾害微风险区主要位于湘南的道县、江永和江华三县;低风险区主要位于常德市北部、益阳市北部、岳阳市北部、邵阳市大部、怀化市中部、永州市南部和郴州市西部;中风险区主要位于湘江中下游和洞庭湖区南部,包括常德市中部、益阳市中部、岳阳市南部、长沙市大部、株洲市大部、湘潭市、娄底市东部、衡阳市、永州市北部和郴州市北部;高风险区位于湘西大部、湘东和湘南海拔较高山区,主要包括张家界市、湘西自治州、常德市北部、益阳市南部、岳阳市东部、怀化市大部、娄底市西部、邵阳市西部、永州市南部、郴州市南部。

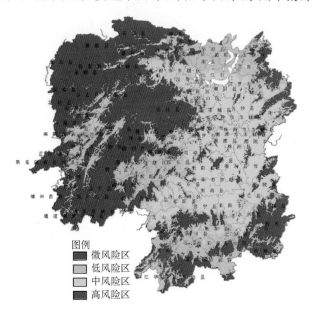

图例
■ 微风险区
□ 低风险区
□ 中风险区
■ 高风险区

图 5.7　湖南省双季超级稻气象灾害风险区划

5.5　双季超级稻高产区划

5.5.1　指标及区划

基于湖南省双季超级稻种植气候适宜性条件及气象灾害分析,选取 8～22 ℃活动积温、3月下旬至 10 月日照时数、寒露风风险指数和“五月低温”风险指数为湖南省双季超级稻高产区划指标。依据湖南近年来各市县双季超级稻平均亩产及各地农业气象观测资料,对各区划指标在不同等级范围内给予不同的编码值 T,编码方法为:高产区编码 1、中产区编码 2、低产区编码 3、不适宜区编码 4。然后结合不同指标在区划中的权重 Q 计算出用于判断每个网格点的高产区划等级的综合指标 P,具体见表 5.5。

表 5.5　双季超级稻高产区划方法

指标因子	高产区	中产区	低产区	不适宜区	权重 Q
8～22 ℃活动积温(℃·d)	≥4 400	4 200～4 400	4 000～4 200	≤4 000	0.6
3 月下旬至 10 月日照时数(h)	≥1 150	1 050～1 150	950～1 050	≤950	0.2

指标因子	高产区	中产区	低产区	不适宜区	权重 Q
寒露风风险指数	≤0.3	0.3～0.8	0.8～1.5	≥1.5	0.1
"五月低温"风险指数	≤0.3	0.3～0.8	0.8～1.5	≥1.5	0.1
编码值 T	1	2	3	4	
综合指标 P	1～1.5	1.5～2.3	2.3～3.5	≥3.5	

5.5.2　区划结果分析

根据表 5.5 的双季超级稻高产区划综合评估方法,制作得到精细化的湖南省双季超级稻高产区划图(见图 5.8)。分区描述如下:

高产区:主要分布在株洲、衡阳、永州、郴州 4 市,包括株洲市郊、株洲县、攸县、醴陵市、茶陵县、衡阳市郊、衡阳县、衡东县、衡南县、耒阳市、祁阳县、常宁市、安仁县、祁东县、东安县、冷水滩区、道县、江永县、新田县、嘉禾县、桂阳县、宜章县等地。

中产区:包括洞庭湖区如津市、临澧县、鼎城区、汉寿县、资阳区、赫山区的以东或以北地区;长沙市、株洲市、湘潭市的大部分地区,衡祁盆地的邵东县、衡山县及衡阳县北部;沿江永县、道县向西北直至株洲市茶陵县这一走廊以及永州市的东安县、零陵区一带。

低产区:主要集中在邵阳地区和沅水中下游地区以及桃源县、澧县西北等洞庭湖滨湖平原的西北地区,平江县、浏阳市及湘南南部的少数地区也属于这一区。

不适宜区:主要在湘西自治州、怀化市、张家界市、邵阳市西南部及娄底市西北部,此外,阳明山以南的山区和湘东南山区也属不适宜区。

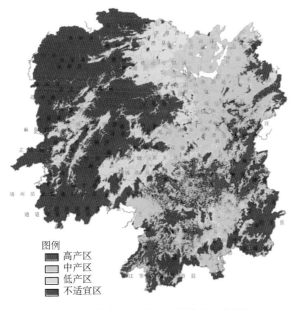

图 5.8　湖南省双季超级稻高产区划图

5.6 MaxEnt 模型在湖南省双季超级稻种植气候适宜性区划中的应用

5.6.1 资料说明

选用湖南省 17 个双季超级稻观测站点气象资料,包括:长沙、衡阳、常德、南县、茶陵、衡阳、江华、冷水滩、娄底、资兴、醴陵、平江、邵东、武冈、湘乡、益阳、澧县。研究时间为 1980—2012 年,数据为湖南全省 97 个气象站及 17 个农业气象观测站点地理信息资料(见图 5.9)。

图 5.9　研究区域及双季稻站点地理分布

5.6.2 模型模拟精度检验

通常选用的 MaxEnt 模型中的精度检验,主要采用受试者操作特征曲线(receiver operating characteristic curve,ROC),来评估模型模拟的准确性。AUC(area under curve)值即 ROC 曲线所包含的面积,是以假阳性率(1−特异度)为横坐标,以真阳性率即灵敏度(1−遗漏率)为纵坐标绘制的 ROC 曲线,其 AUC 值越大则表明预测效果越好,反之则模型预测结果较差,取值范围为 0~1。给定的 AUC 值的评价标准为:0.5~0.6(Fail);0.6~0.7(Poor);0.7~0.8(Fair);0.8~0.9(Good);0.9~1(Excellent)。模型模拟结果(见表 5.6)表明:选取的 8 个潜在气候因子的最大熵模型的 AUC 值为 0.837,参照模型的评判标准,模拟结果为好,因此表明所建立的模型适用于湖南省双季超级稻种植区潜在分布模拟。

表 5.6　湖南双季超级稻种植区模拟结果 AUC 值

	基于潜在气候因子	基于主导气候因子
双季超级稻	0.837	0.821

5.6.3　影响因子的筛选

　　光照、温度、降水等要素是影响农作物分布的主要气象因子,参考前人研究成果以及湖南省双季稻生长的气象条件,选取如下气象因子: ≥ 10 ℃ 活动积温,反映喜温作物生长期内的热量累积状况;10 ~ 22 ℃ 活动积温,反映湖南省双季超级稻生长期内的热量累积情况;4—10月降水量,反映湖南省双季超级稻生长期内的降水状况;4—10月日照时数,反映湖南省双季超级稻生长期内的光能资源状况;3月中旬平均气温,可影响双季超级稻的播种期;稳定通过 10 ℃ 持续日数,反映喜温作物生长期长短;稳定通过 22 ℃ 持续日数,反映双季超级稻幼穗分化到抽穗开花期的生长期长短;7月平均气温,反映双季超级稻区最热月热量条件对水稻的满足程度。

5.6.4　主导气候因子的选择

　　作物生长发育是多个因子综合作用的结果,但在一定条件下,必有起关键作用的主导因子,因此通过 MaxEnt 模型提取影响水稻生产的主导气候因子,来揭示气候变化对水稻生产的影响。表 5.7 给出了 5 个气候因子对湖南省双季超级稻种植区的贡献百分率和累积贡献百分率。按照贡献百分率由大到小排序依次为 10~22 ℃ 活动积温(38.9%)、4—10月日照时数(37.7%)、稳定通过 22 ℃ 持续日数(8.8%)、4—10 月降水量(6.9%)以及 ≥10 ℃ 活动积温(3.3%)。根据前人文献中定义,一般认为,当特征值的累积贡献率超过 85% 且其后某一因子的贡献率低于 5% 时不再累积,这些因子被确认为主导因子。因此,根据模型模拟的结果,可以认为 10~22 ℃ 活动积温、4—10月日照时数、稳定通过 22 ℃ 持续日数、4—10 月降水量这 4个因子是影响湖南省双季稻种植区潜在分布的主导气候因子。根据确认的 4 个影响湖南省水稻种植区分布的主导气候因子,通过 MaxEnt 模型,重新构建湖南省双季稻潜在分布模拟模型。其 AUC 值达 0.821,模拟结果准确性达到好的标准,表明基于筛选的主导气候因子构建的模型可用于湖南省双季水稻种植区潜在分布模拟。

表 5.7　影响湖南省双季超级稻种植区的气候因子的贡献率

	气候因子贡献百分率(%)	累积贡献百分率(%)
10~22 ℃ 活动积温	38.9	38.9
4—10月日照时数	37.7	76.6
稳定通过 22 ℃ 持续日数	8.8	85.4
4—10 月降水量	6.9	92.3
≥10 ℃ 活动积温	3.3	95.6

5.6.5　湖南双季超级稻气候适宜性分布

　　通过模型计算得到概率分布值 P。参考段居琦等[1]根据 IPCC 报告关于评估可能性的划分方法,湖南省双季稻种植区气候适宜性划分标准如下:$P<0.05$ 为气候不适宜区,$0.05 \leqslant P < 0.33$ 为气候次适宜区,$0.33 \leqslant P < 0.66$ 为气候适宜区,$P \geqslant 0.66$ 为气候最适宜区。得到湖南省双季超级稻种植区的气候适宜性分布,模拟结果如图 5.10 所示。

　　从图 5.10 中可以看出,湖南省双季超级稻适宜性种植的总体分布为湘西和湘南山区种植适宜性差,洞庭湖区和湘中衡邵盆地种植适宜性较好。具体描述如下:

不适宜区和次适宜区：主要分布于湘西自治州、张家界、怀化三个西部市（州）和湘南地区。主要包括桑植县、慈利县、龙山县、永定区、永顺县、保靖县、古丈县、花垣县、吉首县、凤凰县、泸溪县、辰溪县、麻阳苗族自治县（以下简称"麻阳县"）、芷江侗族自治县（以下简称"芷江县"）、新晃侗族自治县（以下简称"新晃县"）、黔阳县、洪江市、会同县、靖州苗族侗族自治县（以下简称"靖州县"）、通道侗族自治县（以下简称"通道县"），邵阳市南部的绥宁县、城步苗族自治县（以下简称"城步县"）、新宁县，永州市的双牌县、江华县，郴州市的桂东县、汝城县、蓝山县，衡阳市的衡山县，以及炎陵县、平江市、安化县、新化县等高海拔山区。

适宜区：主要分布于湘北、湘中、湘南的大部分区域以及怀化等低海拔河谷地带等。主要包括常德市、益阳市、岳阳市、长沙市、湘潭市、株洲市、衡阳市、郴州市、永州市以及娄底市和邵阳市的东部地区。

最适宜区：主要分布在永州北部—衡阳中部—株洲中部一线，永州市南部即祁东县、常宁市、衡阳县、攸县、茶陵县，以及永州市的道县等海拔较低热量条件较好的区域。

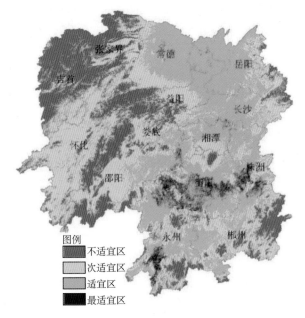

图 5.10　湖南省双季超级稻种植区气候适宜性分布

5.6.6　结果分析

选用 MaxEnt 模型空间分辨率 500 m×500 m 条件下的湖南省双季水稻种植区气候适宜性分布评价，取得了较高的准确度，印证了 MaxEnt 模型应用的普遍性。

基于 MaxEnt 模型方法，选用 10～22 ℃活动积温、4—10 月日照时数、稳定通过 22 ℃持续日数、4—10 月降水量等影响湖南省双季水稻种植的主导气候因子，模拟累积贡献率达到了 92.3%，说明所选主导气候因子能够反映影响湖南双季稻种植区潜在分布的气候状况。从选取的水稻种植的主导气候因子和存在的概率来看，湖南省双季超级稻的适宜性种植区域需要有充足的热量资源、光照、充沛的降水以及满足水稻幼穗分化到抽穗开花期所要求的高温，这也是湖南省双季水稻获得高产、稳产的必要条件之一。

5.7　生产建议

（1）湖南省作为我国水稻生产的集中产区,由双季超级稻品种熟性搭配气候适宜性区划结果可知,双季超级稻适宜种植区范围广,主要分布在东部平原、丘陵地区,湘西的河谷、平原地区有零散的适宜区分布,其中迟熟＋迟熟区、中熟＋迟熟区两者面积之和占适宜种植面积的2/5,主要分布在湘江流域和洞庭湖区;不适宜区主要分布在湘西和湘东南山区。因此,建议在稳定现有种植面积的同时,采取一定的激励措施扩大双季超级稻种植面积,湘中南部及湘东南平原地区推广迟熟＋迟熟种植模式,在湘江中下游和洞庭湖区推广中熟＋迟熟种植模式。

（2）由双季超级稻品种熟性搭配气候适宜性区划(以下简称"熟性搭配区划")结果与基于MaxEnt模型的双季超级稻种植气候适宜性区划(以下简称"种植适宜性区划")结果对比分析可知,熟性搭配区划中的迟熟＋迟熟区位置与种植适宜性区划中的最适宜区位置基本一致,但面积有所扩展;熟性搭配区划中的中熟＋迟熟区与中熟＋中熟区与种植适宜性区划的适宜区位置和面积基本一致;熟性搭配区划中的早熟＋中熟区与早熟＋早熟区不明显;熟性搭配区划中的不适宜区位置和面积相当于种植适宜性区划中的不适宜区和次适宜区,种植适宜性区划中的次适宜区面积要远大于熟性搭配区划中的早熟＋中熟区与早熟＋早熟区。

（3）湘江中下游及洞庭湖区北部为湖南省双季稻种植的主产区,同时也是双季超级稻气象灾害风险较大的地区,因此,建议加强技术指导,加强气象灾害风险防范,努力减轻灾害造成的损失。

（4）湘东南地区是湖南省双季超级稻迟熟＋迟熟种植气候适宜区和双季超级稻高产区,同时也是气象灾害低风险区,因此,建议在该区域开展高品质双季超级稻研究和生产,选择或培育口感好的优良品种,打造国内知名品牌,提升区域稻米价值。

参考文献

[1] 段居琦,周广胜.中国双季稻种植区的气候适宜性研究[J].中国农业科学,2012,**45**(2):218-227.

[2] 黄淑娥,田俊,吴慧峻.江西省双季水稻生长季气候适宜度评价分析[J].中国农业气象,2012,**33**(4):527-533.

[3] 陆魁东,黄晚华,申建斌,等.湖南一季超级稻种植气候区划[J].中国农业气象,2006,**27**(2):79-83.

[4] 廖玉芳,汪扩军,赵福华.湖南现代农业气候区划[M].长沙:湖南大学出版社,2010.

[5] 宋忠华,杜东升,张艳贵,等.基于GIS和插值择优的湖南棉花精细化气候区划[J].中国农学通报,2011,**27**(20):146-150.

第6章　低温冷害预警

在《辞海》中,"预警"指的是事先警告、提醒被告人的注意和警惕。预警理论最早来源于战争。由于战争的需要,特别是大不列颠空战中,英国为了早期探测到德国空军从法国海岸起飞的动向,在 20 世纪 30 年代末、40 年代初研制了预警雷达系统(early warning radar networks),预警系统(early warning system)首次被提出。第二次世界大战后,美国将预警理论应用于经济领域,形成了经济预警理论,为美国宏观经济稳健运行提供了有效的决策支持。近40 年来,预警这一概念已延伸到社会和自然科学诸多领域。预警与预测从根本上说是一致的,都是根据历史数据和现实材料预测未来,便于管理部门把握现状和未来,做到心中有数,早做安排。预警是在预测的基础上发展而来的。一般预测就其机理而言是对系统变化趋势的"平滑",而预警是为了揭示平均趋势的波动和异常。预警是更高层次的预测。

超级稻虽为喜温作物,但温度过高或过低,都将对其造成危害。双季超级稻低温冷害主要发生在超级早稻播种育秧期、返青分蘖期和幼穗分化期,以及超级晚稻抽穗开花期[1-5]。超级早稻播种育秧期发生低温冷害,使超级稻生长发育变缓,苗架差,苗架不整齐,严重的造成烂种、烂秧和死苗,有利于绵腐病等病害发生[5-8];返青分蘖期发生低温冷害,使土壤中氧气减少,肥料分解缓慢,微生物活动减弱,亚铁等有毒物质大量增加,禾苗根系受到毒害,出现黑根和缺磷、缺钾、缺氮等"饥饿"症状,造成早稻不能返青成活和分蘖发蔸,影响分蘖进度与低位分蘖的数量,推迟生育期,减少有效分蘖数,降低产量;幼穗分化期发生低温冷害,将导致颖花退化,出现畸形粒或空粒,不实粒数增加,抽穗延迟[7-9]。超级晚稻抽穗开花期发生低温冷害,易形成空壳和秕谷[10-16]。

6.1　分蘖期低温冷害预警

分蘖期在水稻的一生中占据极其重要的位置,大部分根系和叶片的形成在该时期完成,并为幼穗分化奠定基础,该时期形成的有效分蘖,是水稻丰产的基础。

6.1.1　预警指标研究

根据 2012—2013 年超级早稻试验数据(江西南昌采用室内人工气候箱温度控制处理和田间栽培相结合的方法,对超级早稻分蘖温度适宜性指标进行了研究)分析结果可知:在超级早稻分蘖盛期,27 ℃温度处理后,分蘖速率快,分蘖百分率高,认为超级早稻分蘖盛期的适宜温度范围为 26～28 ℃,最适宜温度为 27 ℃;在超级早稻分蘖后期,通过 3 个试验组温度梯度分析株高、单茎叶面积和产量结构的变化趋向,综合考虑认为超级早稻分蘖后期的适宜温度范围为 25～27 ℃,最适宜温度为 26 ℃。根据超级早稻温控试验数据分析,分蘖百分率与温度之间的相关性显著(见图 6.1),分蘖速率与温度之间存在着一元二次关系,公式如下:

$$Y = -1.1264T^2 + 61.029T - 741.42 \quad (r^2 = 0.608, p < 0.05) \tag{6.1}$$

式中：Y 为分蘖百分率；T 为温度。

根据式(6.1)可知：$Y = 0$ 时，$T_1 = 18.4\ ℃$，$T_2 = 35.8\ ℃$；Y 取最大值时，$T_3 = 27.1\ ℃$。可见，当温度低于 18.4 ℃ 或高于 35.8 ℃ 时，超级早稻分蘖趋于停滞。当超级早稻分蘖百分率 = 30% 时，$T_1 = 20.1\ ℃$，$T_2 = 34.1\ ℃$；当超级早稻分蘖百分率 = 10% 时，$T_1 = 18.9\ ℃$，$T_2 = 35.3\ ℃$；因此，低温预警指标确定为 20 ℃。在超级早稻分蘖期，当未来出现 5 d 日平均气温 <20 ℃ 时，进行超级早稻分蘖期低温预警；当未来出现 5 d 日平均气温 <19 ℃ 时，进行超级早稻分蘖期中度低温预警；当未来出现 5 d 日平均气温 <18.5 ℃ 时，进行超级早稻分蘖期重度低温预警。

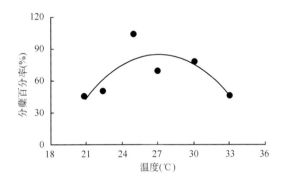

图 6.1　超级早稻温控分蘖百分率与温度相关性分析

6.1.2　基于作物模型模拟的预警技术研究

根据江西南昌 2012—2013 年超级早稻金优 458 的分期播种田间试验数据，调试 ORYZA2000 模型中的作物参数；利用调试后的作物模型模拟数据与整理后的田间试验观测数据，对超级早稻生育期、地上生物量、穗生物量等进行回代检验和外推检验[17-24]。利用本地化后的作物模型，人为设置温度参数，进行模拟效果分析。

(1)超级早稻作物模型本地化研究

试验品种选用金优 458。气象资料采用与试验基地邻近的南昌县气象局资料，包括超级早稻生长期内逐日最高气温、最低气温、日照时数、降水量、平均风速、平均水汽压等要素。

利用 Excel 2007 等对田间观测数据和气象数据进行处理，选用 ORYZA2000 模型，使用整理后的数据调试作物模型参数，并预留部分独立数据进行模型检验，即用 2012 年第 1、第 2、第 4 播期和 2013 年第 1、第 3、第 4 播期的观测资料进行作物模型参数调试，并采用计算平均误差的方法对生育期、地上生物量和穗生物量等进行回代检验，用 2012 年第 3 播期和 2013 年第 2 播期的观测资料进行外推检验。

ORYZA2000 采用无量纲量模拟发育进程。根据水稻不同发育阶段的发育速率、热量单位日增量和光周期来计算发育进程。该模型考虑了秧苗生长期有效积温对发育进程造成的影响。秧苗生长期有效积温越多，造成生育期延迟的影响也越大。模型的主要生长参数包括比叶面积(单位干质量的鲜叶表面积)、同化物分配系数、叶片相对生长速率、叶片死亡速率、茎同化物向穗转移系数、最大粒重等[25-29]。2012—2013 年各播期不同发育阶段的发育速率、移栽休眠影响系数和茎同化物向穗转移系数等见表 6.1。

表 6.1 超级早稻不同播期不同发育阶段的发育速率、移栽休眠影响系数和茎同化物向穗转移系数

年份	播期	不同发育阶段的发育速率				移栽休眠影响系数	茎同化物向穗转移系数
		基本营养生长阶段	光周期敏感阶段	穗形成阶段	灌浆阶段		
2012	1	0.001 105	0.000 758	0.000 948	0.002 121	0.100 7	0.184
	2	0.001 243	0.000 758	0.000 980	0.001 800	0.299 8	
	4	0.001 514	0.000 758	0.000 770	0.002 112	0.319 5	0.176
2013	1	0.001 036	0.000 758	0.000 851	0.002 486	0.155 3	0.438
	3	0.001 010	0.000 758	0.000 985	0.002 034	0.172 6	0.439
	4	0.001 166	0.000 758	0.000 970	0.001 958	0.215 2	0.440
平均		0.001 179	0.000 758	0.000 917	0.002 085	0.210 5	0.335

注:2012 年第 2 播期超级早稻的茎同化物向穗转移系数最大值出现在成熟期,有疑问,故未采用

分别从超级早稻 2012 年第 1、第 2、第 4 播期和 2013 年第 1、第 3、第 4 播期的 param. out 文件中提取比叶面积及叶、茎、穗分配系数等数据,利用 Excel 分别制作作物发育阶段与作物比叶面积,以及作物发育阶段与作物地上生物量的叶、茎、穗分配系数等的散点图,根据散点图的变化规律确定超级早稻不同发育阶段的比叶面积和地上生物量的叶、茎、穗分配系数等。

模拟结果表明(见表 6.2 至表 6.7):超级早稻开花期模拟值与实测值的时间相差 1～2 d,成熟期模拟值与实测值的时间相差 0～3 d;开花期地上生物量模拟值与实测值的平均误差为 5.1%(回代检验平均模拟误差与外推检验平均模拟误差两者的平均值,下同),成熟期地上生物量模拟值与实测值的平均误差为 3.3%,成熟期穗生物量模拟值与实测值的平均误差为 2.0%。

表 6.2 超级早稻生育期回代检验结果

年份	播期	开花期			成熟期		
		观测值(月/日)	模拟值(月/日)	时间差(d)	观测值(月/日)	模拟值(月/日)	时间差(d)
2012	1	6/15	6/17	2	7/12	7/15	3
	2	6/17	6/19	2	7/19	7/17	−2
	4	6/29	6/28	−1	7/27	7/27	0
2013	1	6/18	6/16	−2	7/11	7/14	3
	3	6/21	6/20	−1	7/19	7/18	−1
	4	6/23	6/24	1	7/22	7/21	−1

表 6.3 超级早稻地上生物量回代检验结果

年份	播期	开花期地上生物量			成熟期地上生物量		
		观测值(kg/hm²)	模拟值(kg/hm²)	模拟误差(%)	观测值(kg/hm²)	模拟值(kg/hm²)	模拟误差(%)
2012	1	4 468.2	5 345.1	19.6	9 783.1	9 340.2	−4.5
	2	3 785.0	5 746.8	51.8	8 985.1	10 033.0	11.7
	4	2 908.0	3 798.0	30.6	7 053.2	7 287.0	3.3
2013	1	6 713.8	6 147.9	−8.4	8 361.5	11 104.0	32.8
	3	6 863.3	5 668.0	−17.4	11 380.4	9 627.9	−15.4
	4	7 268.6	5 870.1	−19.2	11 111.0	10 455.0	−5.9
平均		5 334.5	5 429.3	1.8	9 445.7	9 641.2	2.1

表 6.4　超级早稻穗生物量回代检验结果

年份	播期	开花期穗生物量			成熟期穗生物量		
		观测值 (kg/hm^2)	模拟值 (kg/hm^2)	模拟误差 (%)	观测值 (kg/hm^2)	模拟值 (kg/hm^2)	模拟误差 (%)
2012	1	1 014.8	1 287.1	26.8	6 612.1	5 977.0	−9.6
	2	803.5	1 328.9	65.4	5 683.1	6 340.9	11.6
	4	664.9	915.0	37.6	4 866.8	4 849.0	−0.4
2013	1	1 431.2	1 652.8	15.5	5 128.2	7 365.4	43.6
	3	1 364.5	1 536.0	12.6	7 934.7	6 216.5	−21.7
	4	1 502.4	1 568.9	4.4	7 285.2	6 889.5	−5.4
平均		1 130.2	1 381.5	22.2	6 251.7	6 273.1	0.3

表 6.5　超级早稻生育期外推检验结果

年份	播期	开花期			成熟期		
		观测值(月/日)	模拟值(月/日)	时间差(d)	观测值(月/日)	模拟值(月/日)	时间差(d)
2012	3	6/21	6/23	2	7/23	7/21	−2
2013	2	6/20	6/17	−3	7/16	7/15	−1

表 6.6　超级早稻地上生物量外推检验结果

年份	播期	开花期地上生物量			成熟期地上生物量		
		观测值 (kg/hm^2)	模拟值 (kg/hm^2)	模拟误差 (%)	观测值 (kg/hm^2)	模拟值 (kg/hm^2)	模拟误差 (%)
2012	3	3 727.0	5 018.5	34.7	8 692.4	8 837.5	1.7
2013	2	6 488.1	6 056.3	−6.7	9 868.4	10 554.0	6.9
平均		5 107.6	5 537.4	8.4	9 280.4	9 695.8	4.5

表 6.7　超级早稻穗生物量外推检验结果

年份	播期	开花期穗生物量			成熟期穗生物量		
		观测值 (kg/hm^2)	模拟值 (kg/hm^2)	模拟误差 (%)	观测值 (kg/hm^2)	模拟值 (kg/hm^2)	模拟误差 (%)
2012	3	742.3	1 199.5	61.6	5 555.3	5 668.0	2.0
2013	2	1 293.7	1 507.3	16.5	6 409.0	6 736.3	5.1
平均		1 018.0	1 353.4	32.9	5 982.2	6 202.2	3.7

（2）低温冷害模拟效果分析

利用本地化后的双季超级早稻作物模型,对江西南昌 2012 年第 3 播期超级早稻(4 月 1 日播种,5 月 2 日移栽,5 月 7 日返青,5 月 15 日进入分蘖普遍期)进行逐日生长模拟。首先利用本地化后的超级早稻模拟模型,模拟自然气候条件下超级早稻的生长发育;然后假设超级早稻分蘖普遍期(5 月 15 日)后出现连续 5 d 日平均气温为 20,19 和 18.5 ℃的低温,利用本地化后的超级早稻模拟模型分别模拟不同低温情况下超级早稻的生长发育。模拟结果显示,分蘖普遍期后出现连续 5 d 日平均气温为 20 ℃低温模拟的地上生物总量比自然气候条件下偏少

10％左右；分蘖普遍期后出现连续 5 d 日平均气温为 19 ℃低温模拟的地上生物总量比自然气候条件下偏少15％左右。

6.2　抽穗开花期低温冷害预警

6.2.1　预警指标研究

2012 年长沙超级晚稻温度控制试验结果表明：当出现 1 d 日平均气温小于 20 ℃或连续 2 d 日平均气温小于 21 ℃，结实率下降5％～6％；连续 2 d 小于 19 ℃，结实率下降11％；连续 3 d 小于 19 ℃或连续 5 d 小于 21 ℃，结实率下降16％～20％（见表 6.8）。

选取连续 2 d 日平均气温（19，20，21 和 22 ℃）与结实率变化趋势（−14％，6％，−5％，0％）建立模型：

$$y = 4.3x - 94.4, \quad r = 0.9576 \tag{6.2}$$

式中：y 为结实率变化趋势；x 为连续 2 d 日平均气温。当 $y=-5$ 时（表示结实率下降5％），$x=20.8$（表示连续 2 d 日平均气温小于 21 ℃）；当 $y=-15$ 时，$x=18.5$。

表 6.8　超级晚稻抽穗开花期温度控制试验结实率变化趋势（长沙，2012 年）

控制温度(℃)　　　　　结实率变化值(%)　　维持天数(d)	19	20	21	22	23
1	−13	−6			
2	−11	−2	−5	23	19
3	−16	−3	−6	0	16
4			−6	23	10
5			−20	0	12

注：结实率变化值＝各处理结实率观测值−对照组结实率观测值

利用 2013 年南昌试验资料，选取连续 2 d 日平均气温（16，18，20 和 22 ℃）与结实率变化趋势（−26％，−22％，−6％，−1％）建立模型（见表 6.9）：

$$y = 4.55x - 100.2, \quad r = 0.9690 \tag{6.3}$$

式中：y 为结实率变化趋势；x 为连续 2 d 日平均气温。当 $y=-5$ 时（结实率下降5％），$x=20.9$（连续 2 d 日平均气温），与长沙试验结果接近（连续 2 d 日平均气温小于 21 ℃，结实率下降5％）；当 $y=-15$ 时，$x=18.7$。

表 6.9　超级晚稻抽穗开花期温度控制试验结实率变化趋势（南昌，2013 年）

控制温度(℃)　　　　　结实率变化值(%)　　维持天数(d)	16	18	20	22
2	−26	−22	−6	−18
3	−28	−33	3	−1
4	−27	−13	−1	−7

注：结实率变化值＝各处理结实率观测值−对照组结实率观测值

综上所述,当出现 1 d 日平均气温小于 20 ℃或连续 2 d 日平均气温小于 21 ℃,结实率下降 5%～6%,可进行轻度低温冷害预警;连续 2 d 小于 19 ℃,结实率下降 11%,可进行中度低温冷害预警;连续 3 d 小于 19 ℃或连续 5 d 小于 21 ℃,结实率下降 16%～20%,可进行重度低温冷害预警。

6.2.2　基于作物模型模拟的预警技术研究

根据江西南昌 2012—2013 年超级晚稻分期播种田间试验数据,调试 ORYZA2000 模型中的作物参数;利用调试后的作物模型模拟数据与整理后的田间试验观测数据,对超级晚稻生育期、地上生物量、穗生物量等进行回代检验和外推检验。利用本地化后的作物模型,人为设置低温,进行模拟效果分析。

(1)作物模型本地化研究

试验品种选用岳优 9113 和岳优 286。分期播种时间间隔设计为 5 d。2012—2013 年每年设计 5 个播期,其中:2012 年第 1 播期时间设置为 6 月 18 日,第 2～5 播期分别设置为 6 月 23 日、6 月 28 日、7 月 3 日、7 月 8 日;2013 年第 1 播期时间设置为 6 月 16 日,第 2～5 播期分别设置为 6 月 21 日、6 月 26 日、7 月 1 日、7 月 6 日。对每期进行生育期、密度、叶面积、分器官干物重、产量结构、日最高气温、日最低气温、日照时数、降水量、风速、水汽压等的田间试验观测。

作物模型选用 ORYZA2000。选取 2012 年第 1、第 2、第 3、第 5 播期和 2013 年第 1、第 3、第 4、第 5 播期的观测资料进行作物模型参数调试,并对生育期、地上生物量和穗生物量等进行回代检验,选取 2012 年第 4 播期和 2013 年第 2 播期的观测资料进行外推检验。各播期发育速率常数和茎同化物向穗转移系数见表 6.10。

表 6.10　超级晚稻不同播期不同发育阶段的发育速率、移栽休眠影响系数和茎同化物向穗转移系数

| 年份 | 播期 | 不同发育阶段的发育速率 | | | | 移栽休眠影响系数 | 茎同化物向穗转移系数 |
		基本营养生长阶段	光周期敏感阶段	穗形成阶段	灌浆阶段		
2012	1	0.000 755	0.000 758	0.000 836	0.001 442	0.208 1	0.289
	2	0.000 905	0.000 758	0.000 833	0.001 421	0.252 2	0.230
	3	0.000 882	0.000 758	0.000 799	0.001 544	0.246 0	0.081
	5	0.000 967	0.000 758	0.000 798	0.001 872	0.336 1	0.252
2013	1	0.000 779	0.000 758	0.000 767	0.001 509	0.120 7	0.329
	3	0.000 878	0.000 758	0.000 792	0.001 678	0.081 6	0.324
	4	0.000 905	0.000 758	0.000 861	0.001 657	0.143 8	0.203
	5	0.000 864	0.000 758	0.000 859	0.001 748	0.066 3	0.404
平均		0.000 867	0.000 758	0.000 818	0.001 609	0.181 9	0.264

分别从超级晚稻 2012 年第 1、第 2、第 3、第 5 播期和 2013 年第 1、第 3、第 4、第 5 播期的 param.out 文件中提取比叶面积及叶、茎、穗分配系数等数据,利用 Excel 分别制作作物发育进程与作物比叶面积,以及作物发育进程与作物地上生物量的叶、茎、穗分配系数等散点图,根据散点图的变化规律确定超级晚稻不同发育阶段的比叶面积和地上生物量的叶、茎、穗分配系数等(见表 6.11 和表 6.12)。

生育期回代检验结果表明,超级晚稻开花期模拟值与实测值相差 0～4 d,其中 50% 的样本相差在 2 d 之内;成熟期模拟值与实测值相差 4~17 d,其中 50% 的样本相差在 6 d 之内,62.5% 的样本相差在 7 d 之内(见表 6.13)。

表 6.11　超级晚稻观测资料确定的比叶面积

生长发育进程	比叶面积
0.00	0.004 5
0.45	0.002 4
0.66	0.002 3
1.04	0.002 3
1.36	0.002 1
2.01	0.001 7

表 6.12　超级晚稻观测资料确定的叶、茎、穗分配系数

生长发育进程	叶分配系数	茎分配系数	穗分配系数
0.00	0.54	0.46	0.00
0.20	0.54	0.46	0.00
0.57	0.47	0.53	0.00
0.77	0.21	0.58	0.21
0.91	0.07	0.45	0.48
1.18	0.05	0.05	0.90
1.69	0.05	0.05	0.90
2.50	0.00	0.00	1.00

表 6.13　超级晚稻生育期回代检验结果

年份	播期	开花期			成熟期		
		观测值(月/日)	模拟值(月/日)	误差(d)	观测值(月/日)	模拟值(月/日)	误差(d)
2012	1	9/7	9/3	−4	10/23	10/13	−10
	2	9/9	9/9	0	10/27	10/21	−6
	3	9/15	9/13	−2	10/31	10/27	−4
	5	9/27	9/26	−1	11/10	11/22	12
2013	1	9/5	9/2	−3	10/17	10/11	−6
	3	9/13	9/15	2	10/22	10/27	5
	4	9/15	9/18	3	10/26	11/2	7
	5	9/19	9/23	4	10/29	11/15	17

地上生物量回代检验结果表明,超级晚稻开花期地上生物量模拟值与实测值平均相对误差为 21.1%,模拟值偏小,62.5% 的样本相对误差在 30% 以内;成熟期地上生物量模拟值与实测值平均相对误差为 3.7%,50% 的样本相对误差在 8% 以内,75% 的样本相对误差在 15% 以内(见表 6.14)。

穗生物量回代检验结果表明,超级晚稻开花期模拟值与实测值平均相对误差为 13.6%,但有 50% 的样本相对误差在 12% 以内;成熟期模拟值与实测值平均相对误差较小,为 0.7%,50% 的样本相对误差在 5% 以内,62.5% 的样本相对误差在 8% 以内(见表 6.15)。

表 6.14　超级晚稻地上生物量回代检验结果

年份	播期	开花期地上生物量			成熟期地上生物量		
		观测值（kg/hm²）	模拟值（kg/hm²）	相对误差（%）	观测值（kg/hm²）	模拟值（kg/hm²）	相对误差（%）
2012	1	9 091	7 096	−21.9	14 764	14 068	−4.7
	2	7 779	8 118	4.4	14 904	15 620	4.8
	3	7 346	7 411	0.9	14 476	14 912	3.0
	5	7 941	7 890	−0.6	14 551	16 728	15.0
2013	1	13 789	7 876	−42.9	19 582	14 567	−25.6
	3	10 224	6 770	−33.8	15 999	13 428	−16.1
	4	8 552	6 828	−20.2	15 018	13 863	−7.7
	5	9 723	6 780	−30.3	12 792	14 382	12.4
平均		9 306	7 346	−21.1	15 261	14 696	−3.7

表 6.15　超级晚稻穗生物量回代检验结果

年份	播期	开花期穗生物量			成熟期穗生物量		
		观测值（kg/hm²）	模拟值（kg/hm²）	相对误差（%）	观测值（kg/hm²）	模拟值（kg/hm²）	相对误差（%）
2012	1	1 766	1 841	4.2	8 733	8 836	1.2
	2	1 710	2 038	19.2	9 805	9 663	−1.4
	3	1 746	1 850	6.0	8 924	9 342	4.7
	5	1 861	1 931	3.8	9 020	10 759	19.3
2013	1	2 936	1 914	−34.8	10 839	8 776	−19.0
	3	2 053	1 674	−18.5	9 040	8 379	−7.3
	4	1 838	1 634	−11.1	9 008	8 680	−3.6
	5	2 970	1 702	−42.7	7 845	9 314	18.7
平均		2 110	1 823	−13.6	9 152	9 219	0.7

　　利用 2012 年播种时间为 7 月 3 日（第 4 播期）、2013 年播种时间为 6 月 21 日（第 2 播期）的观测资料进行外推检验。生育期外推检验结果表明,超级晚稻开花期模拟值与实测值相差 1～3 d,成熟期模拟值与实测值相差 0～1 d(见表 6.16)。

表 6.16　超级晚稻生育期外推检验结果

年份	播期	开花期			成熟期		
		观测值（月/日）	模拟值（月/日）	误差(d)	观测值（月/日）	模拟值（月/日）	误差(d)
2012	4	9/23	9/20	−3	11/7	11/6	−1
2013	2	9/9	9/8	−1	10/19	10/19	0

　　地上生物量外推检验结果表明,超级晚稻开花期模拟值平均值与实测值平均值的相对误差为 28.4%,误差较大;成熟期模拟值平均值与实测值平均值的相对误差较小,为 2.6%(见表 6.17)。

表 6.17　超级晚稻地上生物量外推检验结果

年份	播期	开花期地上生物量			成熟期地上生物量		
		观测值 (kg/hm²)	模拟值 (kg/hm²)	相对误差 (%)	观测值 (kg/hm²)	模拟值 (kg/hm²)	相对误差 (%)
2012	4	9 124	7 573	−17.0	12 558	15 021	19.6
2013	2	11 219	6 997	−37.6	16 802	13 583	−19.2
平均		10 172	7 285	−28.4	14 680	14 302	−2.6

穗生物量外推检验结果表明,超级晚稻开花期模拟值的平均值与实测值的平均值相对误差较大,为 19.5%;成熟期模拟值的平均值与实测值的平均值相对误差较小,为 1.5%(见表 6.18)。

表 6.18　超级晚稻穗生物量外推检验结果

年份	播期	开花期穗生物量			成熟期穗生物量		
		观测值 (kg/hm²)	模拟值 (kg/hm²)	相对误差 (%)	观测值 (kg/hm²)	模拟值 (kg/hm²)	相对误差 (%)
2012	4	2 337	1 984	−15.1	7 675	9 501	23.8
2013	2	2 214	1 680	−24.1	9 894	8 325	−15.9
平均		2 276	1 832	−19.5	8 785	8 913	1.5

(2)低温冷害模拟效果分析

利用本地化后的超级晚稻作物模型,对江西南昌 2012 年第 4 播期超级晚稻(7 月 3 日播种,7 月 31 日移栽,9 月 23 日抽穗)进行逐日生长模拟。首先利用本地化后的超级晚稻模拟模型,模拟自然气候条件下超级晚稻的生长发育;然后假设超级晚稻抽穗期(9 月 23 日)后出现 1 d 日平均气温小于 20 ℃、连续 2 d 日平均气温小于 21 ℃、连续 2 d 日平均气温小于 19 ℃、连续 3 d 日平均气温小于 19 ℃、连续 5 d 日平均气温小于 21 ℃的低温,利用本地化后的超级晚稻模型分别模拟不同低温情况下超级晚稻的生长发育。模拟结果显示,抽穗期后出现 1 d 日平均气温小于 20 ℃、连续 2 d 日平均气温小于 21 ℃、连续 2 d 日平均气温小于 19 ℃、连续 3 d 日平均气温小于 19 ℃、连续 5 d 日平均气温小于 21 ℃的低温模拟的地上生物量、穗生物量与自然气候条件下模拟的地上生物量、穗生物量没有明显差别,可能是模型中抽穗开花期低温对结实率的影响考虑较少所致(幼穗分化期考虑了低温对结实率的影响)。因此,需进一步研究和探讨应用作物模型进行超级稻抽穗期低温冷害预警,采用与平均气候状况下的模拟值进行比较可能是解决途径之一。

6.2.3　应用

2014 年早稻生长期内日照严重不足,加之受 7 月中旬大范围强降雨的影响,导致湖南省早稻收割和双季晚稻移栽均推迟。移栽偏迟导致湘北双季晚稻生育期比 2013 年推迟 5～7 d,湘中偏北和湘西南推迟 3～5 d,使双季晚稻(尤其是超级晚稻)抽穗开花期受低温冷害的风险加大。

2014 年 8 月 12 日,根据预测(2014 年湖南省寒露风出现时间较常年偏早,湘北地区在 9 月上旬后期,湘中及其以南地区在 9 月中旬前期),结合超级稻抽穗开花期低温冷害指标(当出现 1 d 日平均气温小于 20 ℃或出现连续 2 d 日平均气温小于 21 ℃,结实率下降 5%~6%;连续 3 d 日平均气温小于 19 ℃或连续 5 d 日平均气温小于 21 ℃,结实率下降 16%~20%),开展超级晚稻抽穗开花期低温冷害预警,建议提早采取有效防御措施减轻不利影响,并形成《预计今年湖南省寒露风出现时间偏早,需防范对双季晚稻生产的不利影响》重大气象信息专报服务产品。实况是 2014 年 9 月 12—19 日湘中以北大部分地区出现了连续 3~8 d 日平均气温≤22 ℃的低温阴雨天气,17—19 日常德南部出现连续 3 d 日平均气温低于 20 ℃的低温冷害天气。据农业气象试验站观测和农业部门调查反映,此次低温阴雨过程发生时,湖南全省 80% 的双季晚稻已齐穗,但湘北齐穗较晚,其中常德已齐穗 60%,益阳不到 50%。此次低温冷害过程,对湘北正在抽穗的晚稻影响较大,湘北有 20%~30% 的晚稻受寒露风影响,结实率下降 10% 左右。

6.3　播种育秧期低温冷害预警

6.3.1　预警指标

借鉴水稻播种育秧期原有的指标[4-6]:当出现连续 3 d 日平均气温<12 ℃时,进行超级早稻播种育秧期低温冷害预警;当出现连续 5 d 日平均气温<12 ℃时,进行超级早稻播种育秧期中度低温冷害预警;当出现连续 7 d 日平均气温<12 ℃时,进行超级早稻播种育秧期重度低温冷害预警。

6.3.2　预警方法

首先收集预警区域各站未来 1~7 d 逐日最低、最高气温预报值,计算各站逐日平均气温(日最低气温与日最高气温之和除以 2),然后结合前期实况资料,进行 24 h(或 48,72,96,120,144,168 h)预警。方法是采取滑动算法,判断各站前期实况资料加上未来预报资料(24 h 或 48,72,96,120,144,168 h)后,是否会出现连续 3 d(或 5,7 d)日平均气温<12 ℃的情况。若加上未来预报资料后出现连续 3 d 日平均气温<12 ℃的情况,则该站发布超级早稻播种育秧期低温冷害预警;若加上未来预报资料后出现连续 5 d 日平均气温<12 ℃的情况,则该站发布超级早稻播种育秧期中度低温冷害预警;若加上未来预报资料后出现连续 7 d 日平均气温<12 ℃的情况,则该站发布超级早稻播种育秧期重度低温冷害预警。

6.3.3　应用

2015 年 4 月上旬出现强降温天气,对超级早稻播种育秧造成危害。在强冷空气来临前(4月 3 日),根据预报(清明节期间湘中以北降雨较强,并伴有雷雨大风、短时强降雨等强对流天气;5 日起湖南全省气温将下降 10 ℃以上,其中湘南过程降温幅度可达 14~16 ℃),发布低温冷害预警,预计除湘东南部分地方外,湖南其他大部分地方早稻秧苗将受到轻度低温冷害的危害。据灾后调查统计,此次低温过程造成 3 月底之后播种育秧的早稻(约占全省早稻面积的10%)烂种烂秧率达 5%~15%,直播早稻(主要在湘北地区,已直播的占早稻面积的 2%~3%)烂种率达 30%~50%,严重的达 70% 或全部烂种死苗;在 3 月下旬中期播种育秧的早稻已长到 2 叶以上,烂秧不明显,但由于较长时间阴雨寡照(湘北部分地区 4 月 2—9 日几乎无日照),部分田块出现黄苗、死苗现象;温度低、湿度大,导致部分秧苗出现绵腐病等病害。预警区域与监测实况基本一致,尤其是湘北地区(见图6.2和图6.3)。

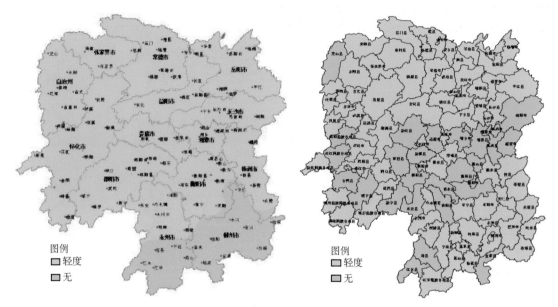

图例
□轻度
▨无

图例
□轻度
▨无

图6.2　超级稻播种育秧期低温冷害预警　　　　图6.3　超级稻播种育秧期低温冷害监测

参考文献

[1] 汪扩军,潘志祥,等.气象灾害监测预警与减灾评估技术[M].北京:气象出版社,2005:131-201.

[2] 湖南省气象局资料室.湖南农业气候[M].长沙:湖南科学技术出版社,1981:90-165.

[3] 湖南省气象局.气象灾害术语和分级:DB43/T234—2004[S].(非正式出版)

[4] 张养才,何维勋,李世奎.中国农业气象灾害概论[M].北京:气象出版社,1991:80-135.

[5] 中国农业科学院.中国农业气象学[M].北京:中国农业出版社,1999:208-335.

[6] 许孟会,赵辉,王晋,等.春季低温连阴雨对农业生产的影响及防御[J].湖南农业科学,2008,(6):63-65.

[7] 郑大玮,张波.农业灾害学[M].北京:中国农业出版社,2000:1-57.

[8] 郑大玮,郑大琼,刘虎城.农业减灾实用技术手册[M].杭州:浙江科学技术出版社,2005:120-143.

[9] 陆魁东,罗伯良,黄晚华,等.影响湖南早稻生产的五月低温的风险评估[J].中国农业气象,2011,**32**(2):283-289.

[10] 陈晓艺,马晓群,姚筠.安徽省秋季连阴雨发生规律及对秋收秋种的影响[J].中国农业气象,2009,**30**(增2):210-214.

[11] 殷剑敏,辜晓青.寒露风灾害评估的空间分析模型[J].气象与减灾研究,2006,(3):56-62.

[12] 黄晚华,黄仁和,袁晓华,等.湖南省寒露风发生特征及气象风险区划[J].湖南农业科学,2011,(15):48-52.

[13] 黄晚华,汪扩军,陆魁东,等.湖南8月低温时空分布特征及对一季稻生产的影响[J].湖南农业大学学报:自然科学版,2005,**35**(4):375-361.

[14] 孔佳良,余冬林.低温冷害对湖南晚稻危害特点及调控技术[J].湖南农业科学,2009,(7):67-69.

[15] 刘丽英,郭英琼,孙力.广东省寒露风时空分布特征[J].中山大学学报:自然科学版,1996,**35**(增刊):200-205.

［16］周新桥,陈达刚,李丽君,等.华南双季超级稻始穗期低温胁迫及耐冷性评价［J］.湖南农业大学学报:自然科学版,2008,**34**(4):388-392.

［17］高亮之.农业模型学基础［M］.香港:天马图书有限公司,2004:186-206.

［18］潘学标.作物模型原理［M］.北京:气象出版社,2003:273-303.

［19］Kropff M J,van Laar H H,Matthews R. ORAZA1,An Eco-physiological Model for Irrigation Rice Production［M］. Wageningen:SARP Research Proceedings,1994:104-110.

［20］Matthews R B,Hunt L A. A model describing the growth of cassava［J］. *Field Crops Res*,1994,**36**(1):69-84.

［21］陈恩波.作物生长模拟研究综述［J］.中国农学通报,2009,**25**(22):114-117.

［22］刘布春,王石立,马玉平.国外作物模型区域应用研究进展［J］.气象科技,2002,**30**(4):194-203.

［23］马玉平,王石立,王馥棠.作物模拟模型在农业气象业务应用中的研究初探［J］.应用气象学报,2005,**16**(3):293-303.

［24］莫志鸿,冯利平,邹海平,等.水稻模型 ORYZA2000 在湖南双季稻区的验证与适应性评价［J］.生态学报,2011,**31**(16):4 628-4 637.

［25］帅细强,王石立,马玉平,等.基于水稻生长模型的气象影响评价和产量动态预测［J］.应用气象学报,2008,**19**(1):71-81

［26］帅细强,邹锦明,谢佰承,等.B2 情景对湘鄂双季稻发育期及产量的影响［J］.中国农学通报,2011,**27**(33):121-126.

［27］薛昌颖,杨晓光,Bouman B A M,等.ORYZA2000 模型模拟北京地区旱稻的适应性初探［J］.作物学报,2005,**31**(12):1 567-1 571.

［28］冯跃华,黄敬峰,陈长青,等.基于 ORYZA2000 模型模拟贵阳地区一季中稻的适应性初探［J］.中国农学通报,2012,**28**(9):26-32.

［29］浩宇,景元书,马晓群,等.ORYZA2000 模型模拟安徽地区不同播种期水稻的适应性分析［J］.中国农业气象,2013,**34**(4):425-433.

第7章　高温热害动态监测预警

高温热害是影响双季超级稻生产的主要农业气象灾害之一。高温热害一般发生在盛夏，正值超级早稻的孕穗、抽穗和灌浆成熟期。高温热害对超级早稻产量形成会造成明显影响。本章在水稻高温热害研究成果的基础上，结合双季超级稻田间试验，归纳提炼出双季超级稻高温热害指标，进行双季超级稻抽穗开花期至成熟期的高温热害监测预警。

7.1　超级稻高温热害指标研究

7.1.1　水稻高温热害指标研究概述

过去许多学者围绕着水稻高温热害指标、高温发生的特征以及不同生育期高温对水稻生长发育的危害和影响机理等开展了大量的研究工作。近十几年来，以气候变暖为主要特征的气候变化背景下，高温热害影响问题尤其突出，适时开展水稻高温热害预警监测评估，能有效降低高温对农业生产造成的损失，防范高温风险。如：何永坤等[1]研究四川盆地水稻高温时，以日最高气温≥35 ℃且日平均气温≥30 ℃作为高温日标准，连续3 d或以上就会对水稻抽穗及灌浆成熟造成危害。罗孳孳等[2]用连续3 d以上日最高气温≥35 ℃和日平均气温≥30 ℃分别作为水稻抽穗开花期和灌浆结实期的高温指标分析重庆的水稻高温热害发生规律。万素琴等[3]、杨太明等[4]、金志凤等[5]、朱珠等[6]在研究湖北、皖浙、浙江、江苏等地的水稻高温热害时也用日最高气温≥35 ℃或日平均气温≥30 ℃作为高温指标。柳军等[7]结合试验，将空气相对湿度、夜间温度加入到高温指标中。杨炳玉等[8]在分析江西省水稻高温热害时，引入空气相对湿度作为高温指标要素之一。高素华等[9]也应用日平均气温≥30 ℃、日最高气温≥35 ℃、日平均空气相对湿度≤70%及温湿度组合等指标对长江中下游水稻高温热害进行分析。高温对水稻影响，一方面，高温强度越强，水稻将受的危害程度越大；在孕穗、抽穗期日最高气温≥35 ℃持续3 d以上，盛花期36～37 ℃可导致严重受害，影响花粉寿命。上海植物生理研究所[10-11]认为早籼稻开花结实期间，30 ℃的温度处理就可引起明显的伤害，高于35 ℃有可能会出现大量秕粒，38 ℃则不能形成实粒。刘伟昌等[12]通过ORYZA2000模型对湖南衡阳水稻高温影响减产进行模拟，得到35,36,37和38 ℃等不同高温对水稻减产的影响，温度越高，减产影响越大，与Bouman等[13]的研究结果基本一致，即水稻开花期受高温影响会导致结实率迅速下降。另一方面，高温持续时间越长，对水稻危害影响也越大。长江流域各省（市、区）依据高温指标对高温热害强度分级时都以高温持续天数多少将高温分成轻、中、重等不同高温强度等级。如：张倩等[14]在研究长江中下游水稻高温热害时，将日平均气温≥30 ℃或日最高气温≥35 ℃持续日数大于3 d定为轻度高温热害，大于5 d为中度高温热害、大于8 d为重度高温热害。实际上，高温程度和持续时间常同时影响水稻产量。石春林等[15]对水稻的减数分裂期和开花期进行不同温度处理时,发现减数分裂期随着温度和高温处理时间的增加,颖花日平均结实率逐步下降,其规律可用二次曲线拟合;开花期随着温度和高温处理时间的增加,颖花结实率也明显下降。

虽然目前多数学者公认"日平均气温≥30 ℃或日最高气温≥35 ℃"作为水稻高温热害指标具有普遍代表意义,但是不同水稻品种受害差异明显。如 Matsui[16]认为籼稻相对于粳稻更具有耐热性,高温主要影响籼稻当天开花的小花;粳稻则不同,除当天外,对次日开花小花的花粉也有很大不利影响。不同水稻品种抗高温能力差别是非常大的,据湖南省杂交水稻研究中心研究,抽穗开花期间,在 35～38 ℃之间随着温度升高,抗高温品种 Y 两优 2 号结实率由90％降到 70％,而不抗高温品种两优培九结实率由 80％降到 20％。胡声博等[17]通过耐热性评价试验发现,杂交稻开花普遍期在最高气温 38 ℃下处理 3 d,Y 两优 646、Y 两优 896、广占63-4S×R558 等两系杂交稻和宜香 5979、142 优 5338 等三系杂交稻中相对受精率仍达到 80％以上(即比对照降低在 20％以内),其中:两系品种受精率基本还能保持在 70％以上(即空壳率在 30％以下),属于耐热性品种;而两优 8106、苏两优 2830、丰两优 4 号等两系杂交稻相对受精率都在 20％左右,全优 785、Ⅱ优 838、香丰优 851、343A×天恢 918、Ⅱ优 T16、广优明 118 等相对受精率都在 20％以下,丰优 199、荆楚优 37 等受精率甚至降到 10％以下,属高温敏感性品种;其他感温中间型品种(组合)相对受精率在 30％～70％不等。一般认为,籼稻耐温和温敏品种之间约有 5 ℃的差异,粳稻间约为 3 ℃。

超级稻大范围推广种植以来,对其耐高温特性也积累了大量的研究。总体上,超级稻与其他普通杂交稻一样,高温指标并没有明显差异,但品种间耐高温性差异明显,也分耐高温性和温敏性品种。欧志英等[18]对超级杂交稻组合培矮 64S/E32 和两优培九的耐高温特性试验得出,超级杂交稻在高温下各项光合特征比对照汕优 63 表现更耐高温。林贤青等[19]对 7 个超级稻品种和其他 10 个杂交稻或常规品种进行高温抗性比较鉴定,发现在 35 ℃高温处理下超级稻株两优 819 结实率下降幅度最小,体现出良好的抗高温性能,另外还有金优 458、陆两优819 和春光 1 号等超级稻品种结实率也仅下降 5％以内,抗高温性较好。然而荣优 3 号、中嘉早 32 号、中早 22 等超级稻品种(组合)抗高温性较差。总体上参试的 7 个超级稻品种(组合)抗高温性要好于其他 10 个品种,体现超级杂交稻较好的高温抗性。田俊等[20]以超级稻品种淦鑫 203 为试验材料,于乳熟初期在人工气候箱中进行日最高气温 34～39 ℃高温控制试验,分析了结实率、秕谷率、千粒重、单株产量与高温关系,得到不同程度的高温热害对早稻的影响,总结出早稻乳熟初期轻、中、重 3 个等级高温热害气象指标,即:日最高气温达 35 ℃持续5 d,或 36 ℃持续 4 d,或 37 ℃持续 3～4 d,或 38 ℃持续 3 d,为轻度高温热害;日最高气温达35 ℃持续 6～8 d 或 36～37 ℃持续 5 d 或 38 ℃持续 4～5 d,为中度高温热害;日最高气温达35 ℃持续 8 d 以上、或 36 ℃持续 6 d 及以上,为重度高温热害。本章建立的高温热害指标不仅考虑了高温强度和持续时间,且综合考虑了它们之间的相互匹配,在高温监测预警和风险评估中识别感更强,易业务应用。

综上所述,超级杂交稻耐高温性能与其他杂交稻基本接近,这为超级稻高温指标的制定提供了重要依据。结合前期研究成果和本项目试验结论,建立超级稻高温指标。由于各品种(组合)间耐高温能力差异明显,所用的指标只反映总体情况,而针对具体品种进行高温评估时,要结合品种的耐高温特性进行适当修订。

7.1.2　超级稻高温热害指标构建

双季超级稻生长季节跨越春、夏、秋三季，每年6月下旬前后，副热带高压北推到江南一带，江南大部分地方雨季逐渐结束，转为副热带高压控制下的晴热高温天气，7—8月份是高温发生的主要时段。早稻生育期气温是逐渐升高的过程，此时的双季早稻，正处于抽穗到成熟的生殖生长期，对高温敏感；晚稻生育期气温是逐渐下降的过程，在此期间出现高温对秧苗期生长也会造成一定的影响，可能会出现高温烧苗，但采取水肥管理等农业技术措施可减轻高温的危害，对最后产量影响较小。因此，针对高温主要影响双季超级早稻生育后期的抽穗开花和灌浆乳熟。根据本项目2012—2013年超级稻在湖南（长沙）、江西（南昌）、广东（韶关）、广西（柳州）田间分期播种试验，江南一带（长沙、南昌）早稻一般在3月中下旬播种，6月上中旬孕穗，6月中下旬完成抽穗开花期，6月下旬至7月中旬为灌浆乳熟期，7月中下旬成熟收获。华南北部一带（柳州、韶关）一般在3月上中旬播种，孕穗和抽穗季节上比江南一带略早，成熟在7月上中旬。一般高温监测预警时，时间上有跨度。因此，双季超级早稻抽穗开花期、灌浆乳熟期高温监测预警要根据当地水稻发育进程而定。

（1）预警指标

抽穗开花期：出现连续3 d及以上日最高气温≥35 ℃，发布水稻轻度高温预警（蓝色预警）；出现连续5 d以上日最高气温≥35 ℃、或出现2 d以上日最高气温≥37 ℃且高温过程中会出现相对湿度≤70%（或最低相对湿度≤50%），发布水稻中度高温预警（黄色预警）；出现连续7 d及以上日最高气温≥35 ℃、或连续3 d及以上日最高气温≥37 ℃且高温过程中有2 d及以上相对湿度≤60%（或最低相对湿度≤40%），发布水稻重度高温预警（橙色预警）。

灌浆成熟期：出现连续3 d及以上日平均气温≥30 ℃，发布水稻轻度高温预警（蓝色预警）；出现连续5 d及以上日平均气温≥30 ℃、或出现2 d以上日平均气温≥32 ℃，发布水稻中度高温预警（黄色预警）；出现连续7 d及以上日平均气温≥30 ℃、或连续4 d及以上日平均气温≥32 ℃，发布水稻重度高温预警（橙色预警）。

一般水稻轻度高温预警可提前3～5 d发布，中度、重度高温预警提前1～3 d发布。

（2）动态监测评估指标

抽穗开花期：综合过去高温指标实践经验和前人研究成果，结合本项目人工控制试验成果，构建高温热害指数进行高温监测评估指标，当出现连续3 d及以上日最高气温≥35 ℃的高温热害过程，开展高温监测评估，水稻抽穗开花期高温热害指数（I_f）按如下公式计算：

$$I_f = \sum T_h + K_{hs} + D_h \tag{7.1}$$

式中：I_f为水稻抽穗开花时的高温热害指数；$\sum T_h$为热积温，表示日最高气温高于水稻抽穗开花受热害温度的日最高气温累积；K_{hs}为相对湿度在高温低湿情况下由于湿度低影响水稻抽穗开花授粉的干热指数；D_h为高温持续天数。最后由热积温、干热指数、高温持续日数计算高温热害指数。其中，热积温（$\sum T_h$）采取不同温度区间进行订正，即当量热积温，公式如下：

$$\sum T_h = \sum_{i=1}^n K_m \cdot (T_{i\max} - T_{o\max}) \tag{7.2}$$

式中：$T_{i\max}$为逐日最高气温（℃）；$T_{o\max}$为影响水稻抽穗的临界受害温度（℃），这里取$T_{o\max}=35$ ℃；K_m为高温时在不同高温区间的危害热积温对抽穗开花影响差异的累积订正系数。K_m根据高温对水稻抽穗开花的危害程度差异而定,即:当 35 ℃<T_{imax}≤37 ℃时,K_m=1;当 37 ℃<T_{imax}≤ 38 ℃时,K_m=0.8;当 38 ℃<T_{imax}≤39 ℃时,K_m=0.5;当 39 ℃<T_{imax}≤40 ℃时,K_m=0.2;当 T_{imax}>40 时,K_m=0.1。这主要根据以前试验结果,水稻开花时最高气温在 35~37 ℃之间时,温 度造成水稻空壳率明显增加;当最高气温在 37 ℃以上时,随温度增加对开花授粉影响造成空壳 率增加率放缓,危害程度降低;在 39 ℃以上,空壳率增加已很高,且随着温度的升高空壳率增幅 变少。空壳率随温度的变化近似于对数函数,经简化后成分段函数进行计算。

干热指数(K_{hs})由如下公式求得:

$$K_{hs} = k_h \cdot \sum_{i=1}^{n} (H_0 - H_i) \tag{7.3}$$

式中:H_i 为逐日相对湿度(%);H_0 为低温下影响水稻抽穗的临界相对湿度(%),这里取 H_0= 70%;k_h 为低湿状态的相对湿度影响抽穗的折算系数,这里取 0.1,即代表相对湿度每下降 10%相当于温度升高 1 ℃的热积温对水稻抽穗的危害影响。

综合以上公式,3≤I_f<10 时,为轻度高温热害;当 10≤I_f<15 时,为中度高温热害;当 I_f≥15 时,为重度高温热害。

灌浆乳熟期:高温对超级早稻灌浆的影响主要表现为高于适宜日平均温度的幅度、灌浆期 气温日较差以及高温持续日数。当出现连续 3 d 以上日平均气温≥30 ℃的高温热害过程时开 展监测评估,由此构建超级稻灌浆乳熟期高温热害指数(I_g),公式如下:

$$I_g = \sum \overline{T}_h + K_{Td} + D_h \tag{7.4}$$

式中:I_g 为高温热害指数;$\sum \overline{T}_h$ 为日平均气温的危害热积温,表示高温热害发生时日平均气 温高于水稻灌浆适宜温度的温度累积值;K_{Td} 为因气温日较差影响高温逼熟的温差逼熟指数; D_h 为高温持续天数,即日平均气温 ≥ 30 ℃ 的日数。由热积温、温差逼熟指数及高温持续日数 通过公式(7.4)进行计算,即可得到灌浆期的高温热害指数。

这里灌浆期热积温基于日平均气温计算,与抽穗期基于日最高气温计算的方法类似。同 样,日平均气温在高温时对灌浆的影响在不同温度区间也差异明显,这里分不同温度区间进行 修正,即当量热积温($\sum \overline{T}_h$)由如下公式求得:

$$\sum \overline{T}_h = \sum_{i=1}^{n} K_p \cdot (\overline{T}_i - \overline{T}_0) \tag{7.5}$$

式中:$\overline{T}_i$ 为逐日平均气温(℃);$\overline{T}_0$ 为影响水稻灌浆时造成高温逼熟的临界日平均气温(℃), 这里取 30 ℃;K_p 为不同温度范围时的危害系数。根据不同高温区间对水稻灌浆的影响,分段 累积热积温,当 30 ℃<$\overline{T}_i$≤31 ℃时,K_p=1;当 31 ℃<$\overline{T}_i$≤32 ℃时,K_p=1.2;当 32 ℃< $\overline{T}_i$≤33 ℃时,K_p=1.5;当 33 ℃<$\overline{T}_i$≤34 ℃时,K_p=1.3;当 $\overline{T}_i$>34 ℃时,K_p=1。这主要根 据以前试验结果:水稻灌浆时日平均气温为 30~33 ℃时,水稻秕谷率明显增加、千粒重下降, 而且温度越高,逼熟效应越明显;日平均气温在 33 ℃以上时,高温逼熟影响减小,以上近似的 二次曲线变化简化成分段计算。

气温日较差影响高温逼熟的温差逼熟指数(K_{Td})由如下公式求得:

$$K_{Td} = k_d \cdot \sum_{i=1}^{n} [10 - (T_{imax} - T_{imin})] \tag{7.6}$$

式中:T_{imax} 为日最高气温(℃);T_{imin} 为日最低气温(℃);k_d 为气温日较差对高温逼熟的影响折

算系数,这里取 0.25。式(7.6)含义是,江南一带高温发生在盛夏季节,通常气温日较差在 10 ℃左右,当气温日较差增大时,有利于作物光合物质积累,对高温逼熟的影响危害降低;反之,气温日较差缩小,高温逼熟的危害将升高;$k_d=0.25$ 表示当气温日较差缩小 1 ℃,相当于增加 0.25 ℃·d 热积温。

根据以上公式,结合不同程度影响,当 $3<I_g<10$ 时,为轻度高温热害;当 $10\leqslant I_g<20$ 时,为中度高温热害;当 $I_g\geqslant20$ 时,为重度高温热害。

7.2　湖南超级稻高温热害特征

7.2.1　抽穗开花期

(1)高温日数

湖南省各地超级早稻抽穗期日最高气温≥35 ℃多年平均日数为 0～4.32 d,全省平均为 1.73 d;日平均气温≥30 ℃平均日数为 0～4.72 d,全省平均为 1.42 d;日最高气温≥35 ℃且日平均气温≥30 ℃平均日数为 0～2.45 d,全省平均为 0.58 d;日最高气温≥37 ℃平均日数为 0～0.60 d,全省平均为 0.16 d。由于早稻抽穗期所处的 6 月份大部分时段仍处于雨季(或雨季末期)向旱季的过渡时期,总体上,高温日数年平均不到 2 d,发生是比较少的。现将近 53 年(1961—2013 年)高温总日数绘制成图 7.1。

由图 7.1a 可见,近 53 年湖南省日最高气温≥35 ℃高温总日数空间差异很大,湘东南等中高海拔地区高温总日数都在 20 d 以下,桂东等高海拔山区无高温发生,汝城也仅发生 1 d;湘南、湘西南、湘西等山区以及湘北湖区部分地方高温总日数也在 50 d 以下(平均每年不到 1 d);衡阳大部、株洲大部、郴州北部以及湘西北河谷盆地等地高温总日数在 150 d 以上(平均每年 3 d 以上),其中衡东、安仁高温总日数达 200 d(平均每年在 4 d 以上),是全省高温日数最多的地方;其他各地高温总日数为 50～150 d(平均每年 1～3 d)。

由图 7.1b 可见,日平均气温≥30 ℃高温总日数为 0～236.2 d,全省平均为 70.8 d;日平均气温≥30 ℃高温总日数比日最高气温≥35 ℃的高温总日数总体上要略少。日平均气温≥30 ℃高温总日数在 50 d 以下的区域范围明显扩大,包括了湘西、湘中和湘南的部分地方;高温总日数≥100 d 的范围在湘西北缩小,洞庭湖区东部高温范围扩大;150 d 以上的范围有所缩小,而郴州日平均气温≥30 ℃日数明显增多,达 200 d 以上。可见,抽穗期日最高气温≥35 ℃和日平均气温≥30 ℃高温日数分布范围存在一定差异,一般山区等温差较大的地方,日最高气温≥35 ℃高温日数比日平均气温≥30 ℃的高温日数多,而湖区、部分盆地丘陵区,温差较小,日平均气温≥30 ℃的高温日数要多。

在超级早稻处于抽穗期的 6 月份,一般高温强度不强。日最高气温≥35 ℃且日平均气温≥30 ℃的日数比日最高气温≥35 ℃的日数明显偏少(见图 7.1c),只占到单项条件的 30%～40%;但各地差异较大,同时满足日最高气温≥35 ℃和日平均气温≥30 ℃条件,除衡阳市、株洲市和永州市、郴州市北部等地在 50 d 以上及衡阳市和株洲市局地在 100 d 以上外,其他地方都在 50 d 以下(平均每年不足 1 d),其中湘西、湘南以及湘中部分地方在 20 d 以下(平均每年不足 0.4 d)。

日最高气温≥37 ℃高温日数更少(见图 7.1d),在绝大部分地方都在 25 d 以下(平均每年不足 0.5 d),仅衡阳市等地及其周边地区、湘西北的张家界市等地及其周边地区在 10 d 以上

（平均每年 0.2 d 以上）。

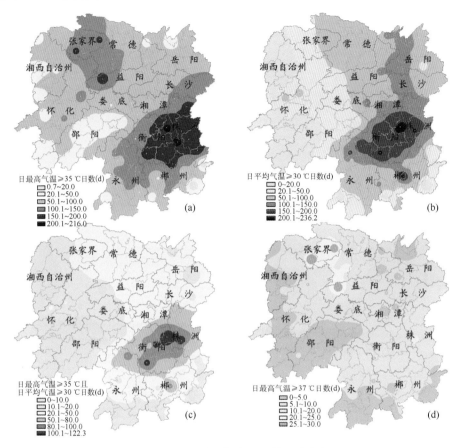

图 7.1　早稻抽穗期高温日数地域分布

（2）高温热害

由式（7.1）至式（7.3）计算分析历年高温过程的高温持续日数、≥35 ℃高温部分的当量热积温、相对湿度＜70％时累积的干热指数，以及综合考虑高温持续日数、热积温、干热指数三要素的热害指数（见图 7.2）。

由图 7.2a 可见，连续 3 d 及以上日最高气温≥35 ℃的年平均持续日数在 3～8 d 之间（除桂东、汝城无连续 3 d 高温出现外），湘西、洞庭湖区东部，以及湘中的娄底市、衡阳市、株洲市等地，平均持续日数在 5 d 以上，其中岳阳市、永顺县、芷江县、通道县在 6 d 以上；其他地方日最高气温≥35 ℃年平均持续日数多为 3～5 d。

由图 7.2b 可见，年高温当量热积温为 0～9.0 ℃·d，其中湘西南、湘南和湘东部分地方当量热积温在 5.0 ℃·d 以下（折算为每日高温累积 0.5～1.0 ℃），其他地方多为 5.0～7.0 ℃·d（相当于每日高温累积 1.0～1.5 ℃）。

由图 7.2c 可见，相对湿度＜70％累积的多年干热指数（日相对湿度在 70％以下时的湿度差累积值）在 0～35 之间，其中：湘西和湘南、湘东等山区以及部分湖区，干热指数在 10 以内，相当于日相对湿度＜70％的日数较少（折算每天高温时相对湿度为 65％～70％或基本上无干热现象）；湘中、湘南等大部干热指数在 10～20 之间（相当于每天高温时平均相对湿度在 60％～65％之间）；特别是郴州、张家界等河谷盆地的干热指数在 20 以上，高温发生时空气相对湿度较低(约为 60%),干热对早稻抽穗开花影响较大。

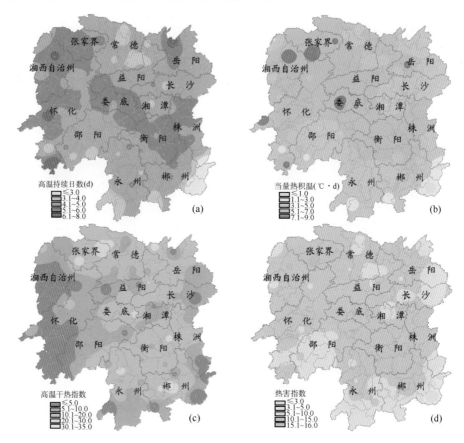

图 7.2　早稻抽穗期连续 3 d 及以上日最高气温≥35 ℃高温要素特征

　　综合高温持续日数、热积温和干热指数影响,湖南全省超级早稻抽穗期热害指数在 5.0～16.4 之间,全省大部分地区热害指数在 10～15 之间,而湘西南、湘南等山区热害指数低于 10,湘西北和湘中部分河谷盆地热害指数在 15 以上。

　　高温热害发生年次频率(发生年数/总年数,以下简称"发生频率"),是反映一个地方高温发生频繁程度的重要参数,也能从频次上反映一个地方的高温危害程度。通过抽穗期高温发生频率分析(见图 7.3),连续 3 d 及以上日最高气温≥35 ℃高温发生频率基本上在 50%(2 年一遇)以内;湘中的邵阳市、娄底市等丘陵区和岳阳市等湖区以及湘西等一季稻区高温发生频率在 10%(10 年一遇)以下;衡阳市、株洲市南部和郴州市北部等地高温发生频率为 33.1%～50%(2～3 年一遇),是典型的高温中心;高温中心的周边区域如永州市北部、郴州市北部、株洲市北部、长沙市、湘潭市等地,以及张家界市、常德市西部、益阳市西部等地,高温发生频率为 20.1%～33%(3～5 年一遇)。从不同等级高温看,中度以上高温热害发生频率多在 20% 以下,其中衡阳市及其周边高温热害中心和张家界—安化一带发生频率在 10% 以上,湘东北的洞庭湖区、湘中偏西南地带、湘南南部以及湘西等一季稻区高温热害发生频率在 5%(20 年一遇)以下,其他地方中度高温热害发生频率多为 5%～10%(10～20 年一遇)。重度高温热害发生频率仅衡阳市周边、张家界市等地高于 5%(20 年一遇),这些地方近 50 多年仅出现 2 次以上,其中张家界市、衡阳市、郴州市个别高温热害多发区有 3～5 年发生过;其他大多数地方仅出现过 1～2 年或不发生。

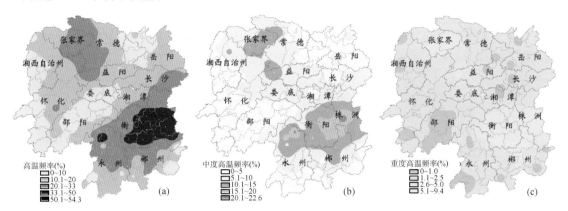

图 7.3　早稻抽穗期连续 3 d 及以上日最高气温≥35 ℃不同程度高温发生频率

图 7.4 为早稻抽穗期连续 5 d 及以上日最高气温≥35 ℃高温发生频率和热害指数空间分布图。由图 7.4a 可知,连续 5 d 及以上高温发生频率多在 20%以下,其中衡阳及周边高温中心高温发生频率在 10%以上,张家界—益阳西部—娄底—衡阳一带高温中心周边高温发生频率为 5%～10%,其他地方高温发生频率多在 5%以下或没有发生。张家界市、娄底市、长沙市东部、株洲市中北部、衡阳市、郴州市等地以及湘西部分地方热害指数可达 15 以上,洞庭湖区和湘南等山区在 10 以下,其他地方热害指数在 10.1～15 之间(见图 7.4b)。

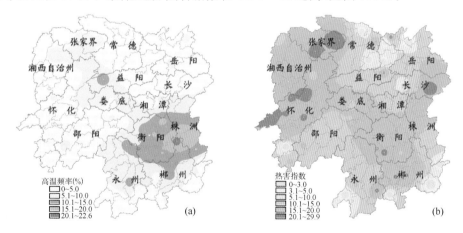

图 7.4　早稻抽穗期连续 5 d 及以上日最高气温≥35 ℃发生频率和热害指数

图 7.5 为早稻抽穗期连续 7 d 及以上日最高气温≥35 ℃发生频率和热害指数空间分布图。由图 7.5a 可见,连续 7 d 及以上日最高气温≥35 ℃发生频率多在 10%以下,仅衡阳市、株洲市中南部、郴州市大部、永州市东部、娄底市局地以及湘西河谷等地高于 2.5%(40 年一遇),其中衡阳市中东部、郴州市北部、株洲市南部等地高温发生频率高于 5%(20 年一遇),安仁县高温发生频率超过了 10%,近 53 年共有 6 年出现连续 7 d 及以上高温;其他地区高温发生频率多在 2.5%以下或不发生。一般出现连续 7 d 及以上高温,其热害指数都在 10 以上,湘东以及湘西等地高温热害指数达 20 以上;个别地方如永顺县、醴陵市等近 53 年仅发生 1 年,但热害指数可达 30 以上(见图 7.5b)。

从以上分析看,早稻抽穗期间高温总体较少,以连续 3 d 及以上高温为主,高温多发区主要在衡阳市及其周边地区,另外,湘西北部河谷盆地高温也较多,持续日数多为 3～5 d,热积温每日累积 1.0～1.5 ℃,多年平均高温热害指数在 10～15 之间。从以上分析可知,连续 3 d 及以上中度高温发生频率与连续 5 d 及以上高温发生频率基本接近,连续 3 d 及以上重度高温发生频率与连续 7 d 及以上高温发生频率空间分布也较接近,可见以上评估分级体现出较好的一致性。

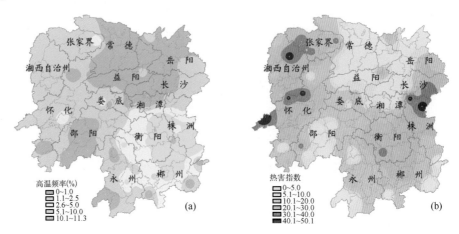

图 7.5　早稻抽穗期连续 7 d 及以上日最高气温≥35 ℃高温发生频率和热害指数空间分布

7.2.2　灌浆乳熟期

（1）高温日数

早稻灌浆乳熟期高温热害比抽穗开花期明显。分析多年平均高温日数发生情况,灌浆乳熟期高温受日平均气温影响更大些,这里主要分析日平均气温≥30 ℃和≥32 ℃高温日数,并分析日最高气温≥35 ℃高温日数,与之进行比较,结果见图 7.6。

由图 7.6a 可见,湖南省日平均气温≥30 ℃高温日数为 0～14.9 d,东、西部空间差异明显,在 6 月下旬至 7 月中旬 30 d 的时段内,岳阳市西南部、长沙市中部、湘潭市、株洲市、衡阳市、永州市和郴州市的北部等地高温日数达到 10 d 以上,其中衡东县达 14.9 d,相当于该地早稻灌浆期约有一半的时段将出现日平均气温≥30 ℃高温。湘南、湘西南等部分山区几乎无高温发生或发生极少,年平均高温日数在 1 d 以下;湘南南部以及湘西一季稻区高温日数也在 5 d 以下;其他各地平均高温日数为 5～10 d,呈以衡阳市为中心的高温日数向湘南、湘西逐渐减少的分布趋势。

灌浆期日平均气温≥32 ℃高温日数明显比日平均气温≥30 ℃高温日数少许多,全省平均在 0～5.8 d 之间,其中:湘南南部、湘中偏西南等地及湘西一季稻区日平均气温≥32 ℃高温日数很少,年平均在 0.5 d 以下;洞庭湖区东部和南部、长沙市中部、湘潭市、株洲市、衡阳市、永州市东北部等地日平均气温≥32 ℃高温日数在 2 d 以上,其中衡阳市大部、攸县达 3 d 以上,衡东县高达 5.8 d,是高温最突出的地方(见图 7.6b)。

湖南全省日最高气温≥35 ℃高温日数比日平均气温≥30 ℃高温日数略多。空间分布上以范围比较,日最高气温≥35 ℃高温日数在 5 d 及以上的范围大于日平均气温≥30 ℃在 5 d 及以上的范围;日最高气温≥35 ℃高温日数在 8 d 及以上的范围在湘东北等地有所缩小,且在张家界市、安化县等地扩大;10 d 及以上的范围也有所缩小,主要是衡阳市、株洲市、永州市东北部、郴州市北部等地。

同时满足日最高气温≥35 ℃和日平均气温≥30 ℃高温日数空间分布与日平均气温≥30 ℃高温日数空间分布基本一致,当日平均气温≥30 ℃时,日最高气温也基本同时达到35 ℃以上;但湘东地区同时满足日最高气温≥35 ℃和日平均气温≥30 ℃高温的范围略小,主要是因为这些地区高温时气温日较差偏小,当高温初期出现日平均气温≥30 ℃时,部分地区最高气温仍未达到 35 ℃以上。

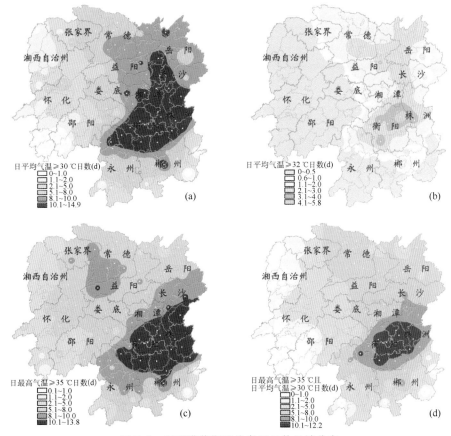

图 7.6　早稻灌浆期平均高温日数地域分布

(2)高温热害

利用式(7.4)至式(7.6),分别计算灌浆乳熟期高温热害指数及当量热积温、温差、持续日数等高温要素情况,计算高温发生频率。

从连续 3 d 及以上日平均气温≥30 ℃高温发生频率结果看(见图 7.7a),连续 3 d 及以上日平均气温≥30 ℃高温发生频率呈明显区域差异分布:湘东大部高温发生频率可达 75％(4年 3 遇)以上,其中衡阳市大部、株洲市南部、郴州市北部、永州市北部等地高温发生频率可达90％,几乎年年有高温发生,是典型的高温中心;除湘南等山区,湖南大部分早稻种植区高温发生频率都在 50％(2 年一遇)以上;湘南南部山区及湘西一季稻区高温发生频率多在 33％以下,湘西南、湘南等山区在 10％以下或无高温发生。

以连续 3 d 及以上日平均气温≥30 ℃计算高温指数在 10 以上的中度高温发生频率,结果如图 7.7b 所示。由图 7.7b 可见,中度高温发生频率在 75％(4 年 3 遇)以上范围缩小到衡阳市及其周边高温中心区域,其他湘东、湘北等地中度高温发生频率都在50%(2年一遇)以上;湘南南部及邵阳市大部中度高温发生频率在20%以下,其他地方多为20%～50%(2～5年一遇)。

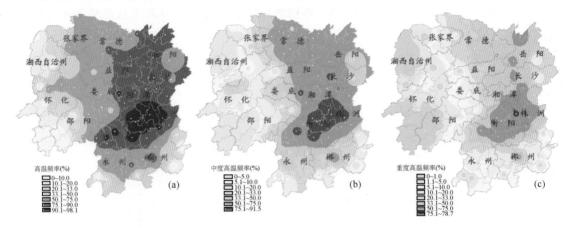

图 7.7　早稻灌浆期连续 3 d 及以上日平均气温≥30 ℃不同程度高温发生频率

重度高温频率湘东及湘北大部分地方多在20%以上,其中衡阳大部分、株洲市中北部、永州市东北部以及岳阳市、长沙市等地高于50%;其他地区重度高温频率向湘西、湘南递减,湘西和湘南边缘山区重度高温频率基本上在5%以下甚至不发生(见图7.7c)。

高温对早稻灌浆期影响主要因素为连续 3 d 及以上日平均气温≥30 ℃,同时高温期间的气温日较差、持续日数、当量热积温都会对灌浆构成影响,这里对构成要素进行分析(见表7.1)。

连续 3 d 及以上日平均气温≥30 ℃高温的年平均持续日数在 0～13.8 d 之间,湘江流域平均持续日数在 10 d 以上,湘中偏西南、湘南等地高温持续日数多在 5 d 左右或以下。一般高温持续日数较多地区也是高温发生频繁、高温严重的地区(见图7.8a)。

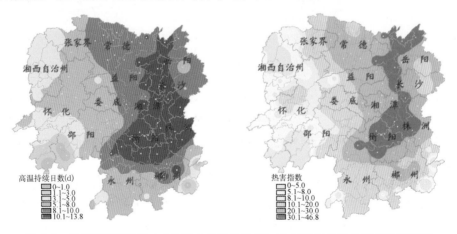

图 7.8　早稻灌浆期连续 3 d 及以上日平均气温≥30 ℃高温持续日数和热害指数

从表 7.1 也可以看出,高温过程平均气温一般为 30.4～31.6 ℃,比高温热害临界值高0.4～1.6 ℃。从当量热积温看,各地差异非常明显,当量热积温为 1.6～20.9 ℃·d,湘中、湘东和湘北在 15.0 ℃·d 以上。气温日较差也是影响早稻灌浆的重要因素,湘南、湘中偏西南等山地丘陵地区,当高温逼熟时的日较差体现正影响,即温差都在 10 ℃以上,温差对早稻灌浆乳熟有利;此外,湘北和湘东高温区,气温日较差对高温逼熟是负影响,即温差小,高温加大了对水稻灌浆逼熟的影响,其中岳阳市等地属于湖区,温差小,更易造成高温逼熟。综合连续 3 d 及以上日平均气温≥30 ℃高温持续日数、热积温和温差指数影响,全省早稻灌浆高温热害指数在 4.9～38.2 之间,湘东和湘北大部高温热害指数在 20 以上,其他湘中偏西南、湘南等山区高温热害指数低于 20(见图 7.8b)。

表 7.1　早稻灌浆期连续 3 d 及以上日平均气温≥30 ℃高温特征分析及比较

站名	连续 3 d 及以上日平均气温≥30 ℃高温						连续 5 d 及以上		连续 7 d 及以上	
	发生频率(%)	持续日数(d)	过程日平均气温(℃)	当量热积温(℃·d)	$\sum\left(\frac{10\ ℃}{气温日较差}\right)$(℃·d)	热害指数	发生频率(%)	热害指数	发生频率(%)	热害指数
常德市	77.4	9.7	31.6	17.9	9.8	30.1	60.4	31.1	39.6	35.0
益阳市	84.9	9.8	31.5	17.1	11.6	29.8	69.8	30.9	41.5	37.8
南　县	73.6	8.5	31.1	10.4	16.5	22.9	50.9	24.4	30.2	28.9
岳阳市	81.1	10.6	31.5	17.3	41.7	38.2	67.9	37.1	45.3	41.6
长沙市	81.1	10.7	31.4	16.3	6.8	28.6	69.8	28.0	47.2	33.2
醴陵市	79.2	11.2	31.2	14.3	−2.6	24.8	62.3	25.8	47.2	28.3
涟源市	71.7	8.0	31.0	8.1	−0.7	15.8	43.4	17.4	28.3	22.2
邵阳市	66.0	6.6	30.8	5.6	−0.6	12.1	28.3	16.2	17.0	22.6
武冈市	26.4	4.6	30.4	1.9	−6.2	4.9	9.4	6.2	1.9	5.8
永州市	83.0	8.9	30.9	8.2	12.6	20.3	60.4	20.2	34.0	25.6
道　县	75.5	7.9	30.8	7.0	11.3	17.8	49.1	18.9	28.3	24.3
衡阳市	96.2	12.7	31.5	20.9	9.9	36.1	81.1	35.5	71.7	36.8
茶陵县	83.0	11.1	31.1	12.6	−6.1	22.2	73.6	21.1	50.9	23.3
郴州市	94.3	11.5	31.2	15.2	14.8	30.3	77.4	29.2	47.2	36.1
临武县	15.1	4.5	30.4	1.6	5.1	7.4	3.8	8.7	1.9	15.0
张家界市	66.0	6.4	30.9	6.4	−5.6	11.4	34.0	14.4	18.9	19.3
怀化市	47.2	6.1	30.7	4.1	5.4	11.5	24.5	13.3	11.3	18.3

连续 5 d 及以上日平均气温≥30 ℃的高温热害地域分布如下:早稻种植区的高温热害发生频率多在 20%以上,其中衡阳市及其周边高温中心高温发生频率在 70%以上,湘北及湘东其他地方高温发生频率仍在 60%以上,湘南以及湘中偏西南高温发生频率多在 40%左右或以下。湘北和湘东大部分地区热害指数在 25 以上,湘中偏西南及湘南、湘西山区等地热害指数在 20 以下(见表 7.1)。

连续 7 d 及以上日平均气温≥30 ℃高温热害地域分布如下:衡阳市及其周边的高温中心为 50%左右(2 年一遇)或以上,其中衡阳市高达 71.7%;湘北及湘东其他地方发生频率仍为 40%～50%,湘中偏西南及湘南等山区高温发生频率多在 30%以下。一般连续 7 d 及以上出现高温的热害指数都在 20 以上,高温多发中心可达 30 以上,岳阳市可达 41.6。

从以上分析看,早稻灌浆期高温较多发,特别是衡阳市周边地区,是明显高温多发中心,连续 3 d 及以上高温几乎年年发生,连续 5 d 及以上高温也比较常见,对早稻灌浆影响比较大;湘北和湘东其他地方高温也比较多;邵阳市等湘中偏湘西南的地方、湘南南部等地高温相对比较少。年总高温持续日数湘东和湘北多为 10～15 d,热积温达 15～20 ℃·d,温差也对灌浆影响较大。

（3）高温发生逐日频率动态变化特征

高温逐日频率特征，更能精细化地体现高温在不同时段的集中情况。为研究湖南不同区域逐日高温变化情况，选取常德市、长沙市及衡阳市代表站对早稻抽穗至成熟期间高温进行分析，结果见图7.9。

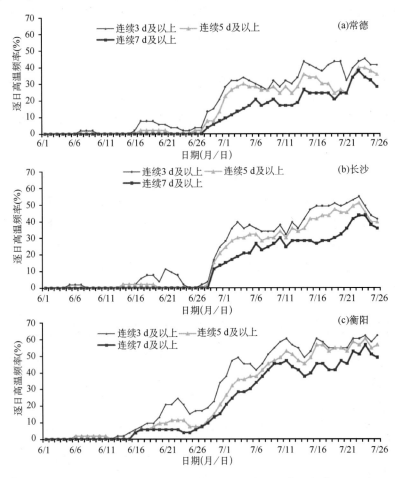

图 7.9　湖南代表站早稻抽穗—成熟期逐日高温频率

由图 7.9 可见，早稻在抽穗前期的 6 月上中旬，高温发生频率很低，特别是 6 月上半月，仅个别时段发生一次高温过程，高温逐日频率在 2% 以下，6 月下旬后期高温发生频率迅速增加。从各站看，6 月下旬中期常德市（湘北）逐日高温频率仍然很低，近 53 年来仅 6 月中旬后期发生 2~4 次连续 3 d 及以上高温过程（逐日频率在 8% 以下），其中有 1 次过程达到连续 5 d 及以上，出现了 1 次中度高温过程，其他时段高温逐日频率仍在 2% 以下；长沙市（湘中偏东）也在 6 月中旬后期至下旬初出现了 2~5 次连续 3 d 及以上的高温过程，其中 6 月中旬还出现了 1 次连续 5 d 及以上的高温过程，其他时段高温逐日频率仍在 2% 以下；衡阳市（湘中）高温发生时间略早，在 6 月中旬末开始，高温逐日频率上升到 5% 以上，主要高温时段仍在 6 月下旬后期，6 月 29 日之后高温逐日频率在 20% 以上。

7 月上中旬总体上高温逐日频率呈波动增加的趋势，常德高温多发时段出现在 7 月上旬中期、7 月中旬后期，逐日频率可达 30% 以上；长沙高温多发时段在 7 月上旬中期、7 月中旬中后期,逐日频率可达 35% 以上;衡阳 7 月高温逐日频率都在 30% 以上,其中 7 月中旬中后期可达 50% 以上,连续 7 d 及以上高温频率也能达 40% 以上。

从以上分析可以看出,早稻抽穗开花期高温风险比较小,仅需在 6 月中旬中后期防范轻度高温风险;在 6 月下旬后期开始至 7 月上旬早稻灌浆乳熟期高温风险很大,需加强防范。特别是衡阳等湖南省高温多发区,发展抗高温品种(组合)是提高水稻生产能力的重要途径。

7.3　超级稻高温热害动态监测评估

2012—2014 年期间,应用超级早稻抽穗开花期、灌浆乳熟期的高温监测指标,开展高温动态监测应用。

7.3.1　2012 年高温监测

2012 年早稻抽穗期在衡阳周边 11 站出现轻度高温,发生时段为 6 月下旬末,持续天数为 3 d 左右,高温指数多在 6~10 之间(见图 7.10)。由于发生时间在 6 月下旬末,总体上高温发生较轻,对早稻抽穗基本无影响。另张家界市的慈利县在 6 月 18—20 日和 22—24 日出现了 2 段连续 3 d 及以上的高温,虽然累计的持续日数多,高温指数也高,但不是早稻主产区,对早稻抽穗基本上无影响。

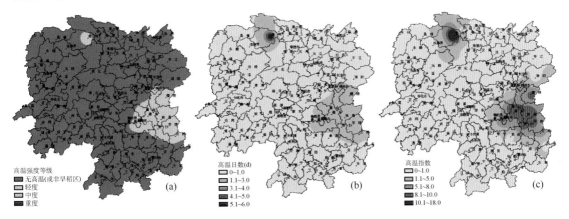

图 7.10　2012 年早稻抽穗期高温监测结果

2012 年早稻灌浆期高温属于偏重年份,湖南全省早稻种植区 73 个台站中,除湘南和湘中偏西的部分山区外,全省共 64 站出现了高温,其中达到中度以上的有 58 站(近 53 年中排第 4 位),重度达到 50 站(仅次于 2007 和 1978 年,排第 3 位),中度以上、重度高温的发生范围是特别偏重的年份(见图 7.11)。湘东地区高温 6 月 28 日开始、湘北 6 月 30 日开始,湘中偏西地区从 7 月初开始,湘北持续到 7 月 12 日前后,湘东等地持续到 7 月 14 日,多数地方持续日数达 10~17 d,衡阳及其周边地区达 15 d 以上,平均达 11.8 d(排第 9 位)。累积当量热积温平均达 18.2 ℃·d,高温强度等级达 2.7,高温热害指数多在 20 以上,平均达 33.8(排第 10 位)。总体上,此次过程高温正处于早稻灌浆关键时段,对早稻灌浆乳熟影响大。

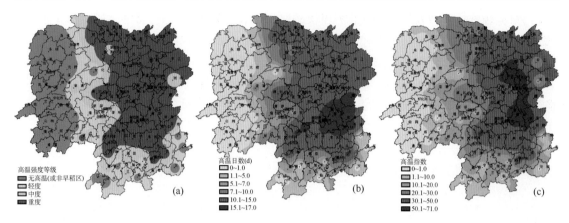

图 7.11　2012 年早稻灌浆期高温监测结果

7.3.2　2013 年高温监测

2013 年早稻抽穗期高温发生比较早,出现 62 站次高温,其中中度以上 46 站次,重度高温主要发生在常德市、益阳市西部、娄底市、衡阳市、郴州市等地的 27 个站点。高温分布范围广,除了湘南、湘西等山区,湖南全省大部分地区都出现了持续 3~10 d 的高温,平均为 5 d 左右(见图 7.12)。高温自 6 月 18 日前后开始持续至 22 日前后,湘西北及衡阳市周边地方高温自 6 月 16 日前后开始持续到 24 日,持续日数达 6 d 以上,其中张家界市、衡山县等地达到了 9 d;其他如湘东等地有 27 站次灾害指数都在 20 以上。但总体上,6 月下旬之后高温对早稻抽穗影响较小。因此,总体危害仍为轻度。

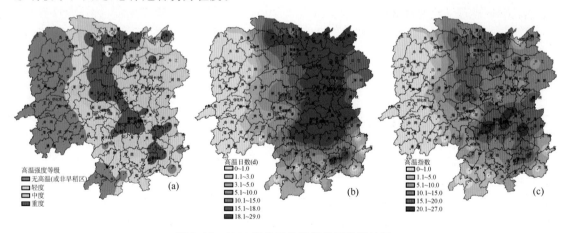

图 7.12　2013 年早稻抽穗期高温监测结果

在 2013 年早稻种植区灌浆期间有 67 站次出现了高温,其中中度以上的有 51 站次,重度达到 46 站次(排第 5 位),主要分布在湘江中下游、资水中下游及沅水、澧水及洞庭湖区(见图7.13a)。高温分两个时段:第 1 时段主要是 6 月下旬,主要对抽穗末期有影响,对一些早熟早稻灌浆也有轻度影响;第 2 时段高温主要从 6 月底 7 月初开始,湖南东部大部出现高温,到 7 月上旬中期达到鼎盛,7 月上旬后期减弱;湘江流域中下游的高温从 6 月 30 日一直持续到 7 月下旬初早稻成熟;衡阳市及其周边部分地方两段高温相连,从 6 月下旬初早稻灌浆期开始一直持续到早稻成熟。总高温持续日数,湘中和湘南山区在 10 d 以下,湘北持续日数达

15～20 d,湘江中下游及洞庭湖区东部达 20 d 以上,其中衡阳市、株洲市中部等高温中心区最长,达 29 d(见图 7.13b),平均持续日数达 15.7 d(排第 1 位)。累积当量热积温达 22.6 ℃·d,高温强度达 2.5,高温热害指数多在 30 以上,其中湘江中下游部分地区在 70 以上,局地达 100(见图 7.13c),湖南全省平均达 42.6,所有站高温热害指数累积达 2 851(仅次于 1964 年,排第 2 位)。总体上,此次过程高温正处于早稻灌浆关键时段,对早稻灌浆乳熟影响大。

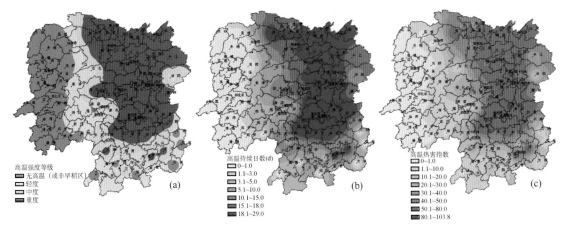

图 7.13　2013 年早稻灌浆期高温监测结果

7.3.3　2014 年高温监测

2014 年早稻生育期高温发生不明显。早稻抽穗期没有出现连续 3 d 及以上的高温;早稻灌浆乳熟期出现了短暂的轻度高温过程,其中,2014 年 7 月 8—11 日在衡阳、株洲中北部和永州东北部、郴州北部等地出现了持续 3～4 d 的短暂的高温过程;另外,7 月 17—20 日前后,在早稻灌浆乳熟末期在湘南部分地区出现了持续 3 d 及以上的高温过程,其他时段高温均不明显,对早稻灌浆成熟影响小。

7.4　超级稻高温热害预警

在高温的预报方法上,以往主要是从大气环流背景上来讨论高温的特征及成因,并建立高温天气概念模型,从宏观上进行定性预报。随着数值预报技术的不断提高,近些年高温预报在定量化、精细化方面也得到了进一步发展,通常是将常规观测资料与数值预报产品相结合,选取合适的影响因子,采用神经网络、最优子集、逐步回归等统计方法,建立统计方程对高温天气进行预警。

高温热害是一种极端的异常天气,对农业生产影响较大,采用高温的定性预报难以满足业务服务需求,而直接利用统计方法预报出这种高温过程事件的难度也较大。杜钧等[21]针对极端高影响天气提出了天气异常度的概念,把一种天气要素的异常程度定义为它与实际气候平均值的差。根据这一定义,本书中采用异常度指标对超级早稻的高温热害进行预警,提供了一种新的预警思路和方法。

7.4.1　标准化异常度的定义

考虑到天气要素在不同的地方、不同的季节其本身的变化率是很不一样的(如一般来说变化率在高纬度地区大些而在低纬度地区小些,冬季大些而夏季小些,等等),为了便于统一比较,将某气象要素与实际气候平均值的差值用该量的实际气候标准差进行标准化,即式(7.7)和式(7.8):

$$SA_o(x,t) = \frac{\text{OBS}(x,t) - \text{MEAN\_clim}(x,t)}{\text{SD\_clim}(x,t)} \tag{7.7}$$

$$SA_f(x,t) = \frac{\text{FCST}(x,t) - \text{MEAN\_clim}(x,t)}{\text{SD\_clim}(x,t)} \tag{7.8}$$

式中:SA 为标准化异常度(Standardized Anomaly);其中,SA_o 为观测值的标准化异常度,SA_f 为预报值的标准化异常度,标准化异常度是地点 x 和时间 t 的函数。对于实况,标准化异常度 $SA_o(x,t)$ 就用某要素的观测值 OBS(x,t) 与实际大气的气候平均值 MEAN_clim(x,t) 的差值,用该要素的实际气候标准差 SD_clim(x,t) 进行标准化,即用式(7.7)计算;对于预报标准化异常度 $SA_f(x,t)$ 是用某要素的预报值 FCST(x,t) 替代观测值 OBS(x,t),即用式(7.8)计算。

本书中利用欧洲中心 1979 年至今的 ERA-Interim(水平分辨率为 $0.125° \times 0.125°$)资料,采用式(7.7)计算了湖南范围($108°\sim115°$E,$24°\sim31°$N)每个格点逐日 14 时温度的标准化异常度,同时插值计算出湖南省双季稻区 66 个气象台站逐日的标准化异常度。

7.4.2　标准化异常度预报指数临界阈值确定方法

根据式(7.7)可知,当标准化异常度 SA 为正值时,有可能会出现异常高温天气,但是作为预警指标,需要明确 SA 的值达到哪个量级才可以发出日最高气温≥35 ℃高温天气预警信号。高温天气事件可视为发生和不发生的二分类事件,通过一定方法确定某一 SA 值为高温天气预报临界阈值,如果 SA 大于这一临界阈值,则预报有高温天气出现;若 SA 小于临界阈值,则预报无高温天气。如何确定临界阈值是预报高温的一个重要环节。

众所周知,TS 评分和预报偏差(Bias)是评估二分类事件预报水平的重要评分参数,考虑高温事件实况,结合 SA 预报的双态分类列联表(见表 7.2),可以计算出预报的评分、预报偏差,同时获得命中率和虚警率:

$$T_S = N_A \times 100 / (N_A + N_B + N_C) \tag{7.9}$$

$$B = (N_A + N_B) / (N_A + N_C) \tag{7.10}$$

$$R_{\text{hit}} = N_A \times 100 / (N_A + N_C) \tag{7.11}$$

$$R_{\text{flasealarm}} = N_B \times 100 / (N_B + N_C) \tag{7.12}$$

式中:T_S 为 TS 评分;B 为预报偏差;R_{hit} 为命中率;$R_{\text{flasealarm}}$ 为虚警率。

表 7.2　双态分类列联表

	SA 预报出现	SA 预报不出现
实况发生	N_A	N_C
实况不发生	N_B	N_D

6 月中旬至 7 月中旬正值双季早稻的抽穗开花—灌浆成熟期,是早稻产量形成的关键期,如果在此期间出现了高温热害,将会对早稻产生较大影响。我们分句分别讨论了 1979—2013 年 97 个气象台站 SA 值与≥35 ℃高温日间的对应关系,并利用 TS 评分的方法确定了各旬 SA 的预报阈值。

用 TS 评分的方法确定 SA 预报阈值的方法是将 1,2,3,4,5 这 5 个数分别作为 SA 发布出现 35 ℃以上高温预警的参考阈值,根据式(7.9)分别求出双季稻区 66 个台站 5 个参考阈值的 TS 评分。图 7.14a～d 分别为 6 月中旬至 7 月中旬各旬各代表站的 SA 指标的 5 个参考阈值的 TS 评分,从图上可以看出,各旬各代表站 TS 评分趋势一致,基本都在同一 SA 阈值时 TS 评分达最大,选取 TS 最大时对应的 SA 值作为该旬出现高温天气的预报临界阈值。由此获得各旬出现 35 ℃ 以上高温天气的 SA 临界阈值,见表 7.3。

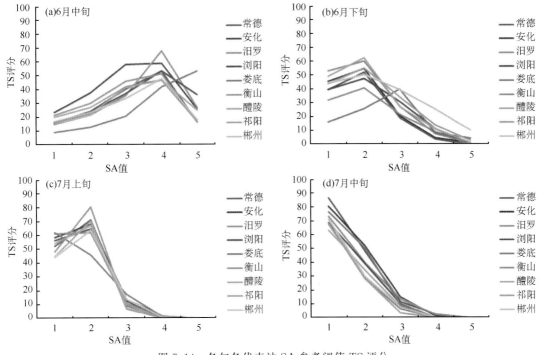

图 7.14　各旬各代表站 SA 参考阈值 TS 评分

表 7.3　各旬 SA 临界阈值

时段	SA 临界阈值
6 月中旬	4
6 月下旬	2
7 月上旬	2
7 月中旬	1

7.4.3　早稻灌浆期高温热害预警回代检验

(1)2012 年回代检验

2012 年 7 月 2—14 日湖南全省大部分地区出现了高温热害天气,图 7.15 给出了此次过程逐日 SA 预报的≥35 ℃高温区域以及当日≥35 ℃高温分布实况。从图 7.15 可以看出,每日预报的高温区域与实况基本接近,能很好地反映出高温区域的发展、减弱过程,而且高温热害开始和结束的时间在逐日的 SA 分布图上体现得很明显,与实况基本吻合。为了了解预报的准确率,利用 TS 评分的方法,对湖南省双季稻区 66 个台站(73 个台站中去掉资料年代较短的 7 个台站)在这次过程中出现的≥35 ℃高温进行了检验,图 7.16 为这次过程湖南双季稻区 TS 评分分布图。由图 7.16 可知,SA 方法对这次过程预报效果较好,双季稻区内大部分台站的 TS 评分在 60 以上,湘东大部超过了 80。在这次过程中,衡阳市周边地区的高温热害最为严重,表 7.4 给出了衡阳市周边 10 个气象站 TS 评分情况,从表 7.4 可知,这些台站预报效果很好,TS 评分平均为 84.5,预报偏差平均为 0.8,命中率平均为 84.5,虚警率均为 0。

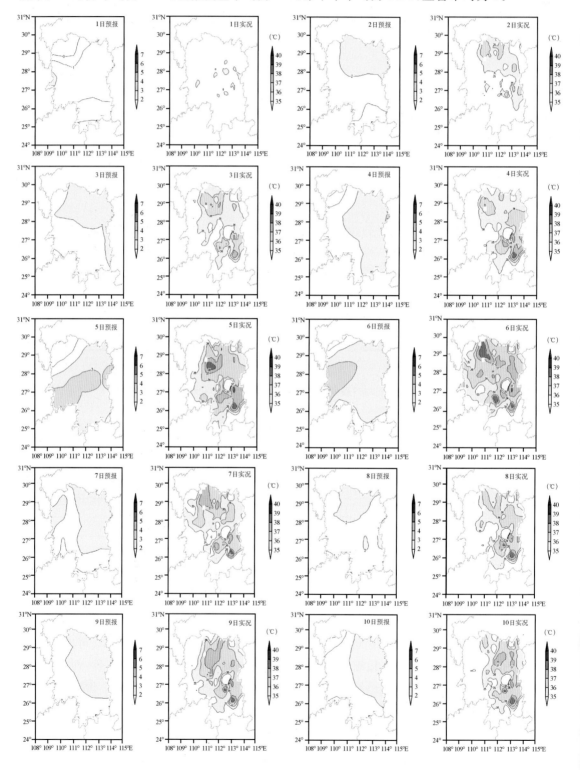

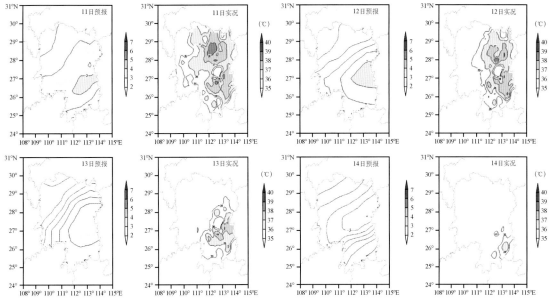

图 7.15　2012 年 7 月 1—14 日逐日 SA 预报高温区域与≥35 ℃高温实况分布

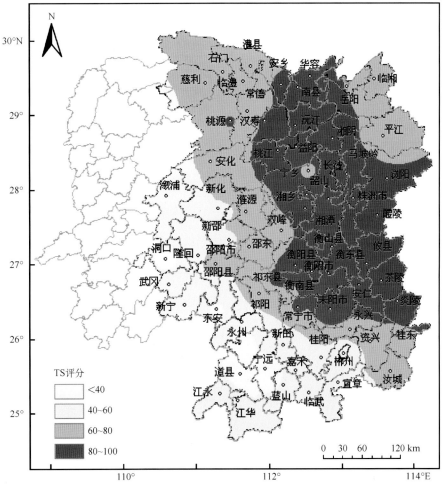

图 7.16　2012 年 7 月 1—14 日双季稻区高温过程 TS 评分空间分布图

表 7.4　各气象站≥35 ℃高温预报 TS 检验结果

站名	TS 评分	预报偏差	命中率(%)	虚警率(%)
祁东	83.3	0.8	83.3	0
衡阳	83.3	0.8	83.3	0
常宁	81.8	0.8	81.8	0
衡南	90.9	0.9	90.9	0
耒阳	90.9	0.9	90.9	0
衡山	83.3	0.8	83.3	0
衡东	83.3	0.8	83.3	0
攸县	83.3	0.8	83.3	0
茶陵	91.7	0.9	91.7	0
祁阳	72.7	0.7	72.7	0

(2)2015 年早稻抽穗期高温热害预警

根据上述标准化异常度指标的计算方法,利用欧洲中心每日 20 时发布的每 3 h 一次的 2 m 高度温度细网格(水平分辨率为 0.125°×0.125°)预报资料,对 2015 年水稻抽穗期间出现的高温热害过程进行了预警。

6 月 23 日开始,株洲有 4 个台站出现了日最高气温≥35 ℃的高温天气,24 日高温范围开始逐渐扩大,35 ℃以上高温站次增加到 14 个,之后高温范围进一步扩大,强度逐渐增强,29 日高温范围最大、强度最强,35 ℃以上高温站次达到 76 个,7 月 1 日受冷空气降水影响,35 ℃以上高温站次减为 9 个,此轮高温热害过程趋于结束(见图 7.17)。本次过程中,醴陵高温持续时间最长,为 8 d,衡阳县极端最高气温达 39.0 ℃,为全省最高。

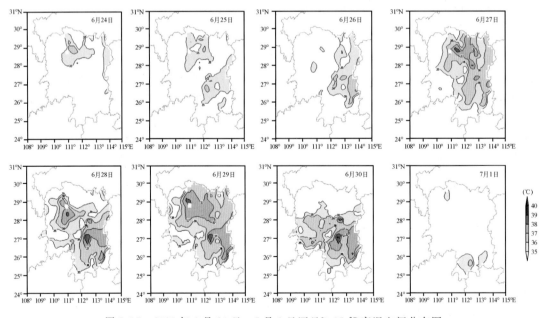

图 7.17　2015 年 6 月 24 日—7 月 1 日逐日≥35 ℃高温空间分布图

根据天气实况,发现从 6 月 24 日开始高温天气有加剧发展的趋势,预计后期出现高温热害的可能性较大,因此我们从 25 日开始利用每日 20 时起报的 2 m 高温度资料逐日滚动发布了未来高温热害发生区域分布图。图 7.18 是 6 月 25 日发布的未来 6 d 高温热害分布情况，从预报情况来看，未来高温将维持，27 日高温影响范围明显扩大，到了 28 日、29 日高温范围将达最大，30 日开始湘北高温范围减少，7 月 1 日高温过程结束。与此次过程逐日实况（见图 7.17）对比来看，SA 指标对高温过程预报效果较好，对未来高温的发展趋势把握得较准确，高温过程由南向北发展，之后由北向南减弱，且在 29 日左右范围达最广，在 7 月 1 日趋于结束，与实况基本一致。预报的逐日高温的影响范围与实况也比较接近，基本能反映当天高温分布情况。

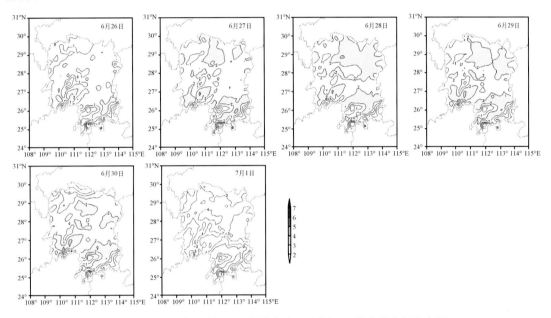

图 7.18　2015 年 6 月 25 日预报未来 6 d 的 ≥35 ℃ 高温空间分布图

从实况来看，6 月 29 日是高温分布范围最广、强度最强的一天，30 日是高温范围明显南缩的一天。图 7.19 和图 7.20 分别为与 29 日实况对应的 28 日、27 日、26 日和 25 日 ≥35 ℃ 高温区域预报图以及与 30 日实况对应的 29 日、28 日、27 日和 26 日 ≥35 ℃ 高温区域预报图。由图 7.19 和图 7.20 可知，随着预报时效的缩短，29 日的高温范围进一步扩展，30 日的高温范围南缩越来越明显，预报结果与实况更为接近。虽然有些区域存在漏报和空报的现象，但临近预报在高温范围趋势上的把握却越来越准确，对短期的预报有很好的指导作用。

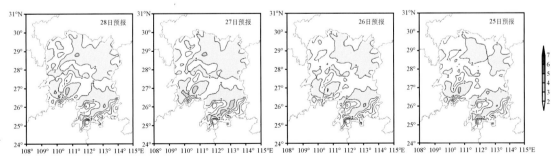

图 7.19　2015 年 6 月 29 日 ≥35 ℃ 高温空间分布预报图

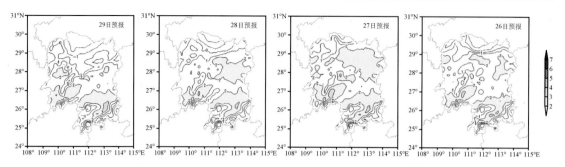

图 7.20　2015 年 6 月 30 日≥35 ℃高温空间分布预报图

7.5　小结

　　湖南省是我国双季超级稻主要推广种植区,也是我国高温多发区,高温热害对早稻抽穗—灌浆期产量形成关键时段的影响明显。超级稻高温危害指标与其他普通杂交稻基本类似。本章以田间试验为基础,结合前期研究成果,以"连续 3 d 以上日最高气温≥35 ℃"作为早稻抽穗开花期高温热害指标,同时考虑抽穗开花时高温强度、空气湿度和高温持续日数开展监测评估;以"连续 3 d 以上日平均气温≥30 ℃"作为早稻灌浆期高温热害指标,同时考虑灌浆期高温强度、温差和高温持续日数的综合影响。

　　早稻抽穗期高温热害发生较少,主要在衡阳及其周边地区,持续日数多为 3～5 d,平均高温热害指数在 10～15 之间。早稻灌浆期高温热害明显,形成以衡阳及其周边地区高温多发中心,连续 3 d 以上高温热害几乎年年发生,连续 5 d 以上高温热害也比较常见,对早稻灌浆影响比较大。湘北和湘东其他地方高温热害也比较多,平均高温持续日数湘东和湘北多为 10～15 d;邵阳等湘中偏湘西南的地方、湘南南部等地高温热害相对比较少;温差也对灌浆影响较大。早稻抽穗开花期高温热害风险比较小,仅在 6 月中旬中后期需防范轻度高温热害;在 6 月下旬后期开始至 7 月上旬早稻灌浆乳熟期高温热害风险较大,需加强防范。

　　近 3 年的高温热害动态监测表明,2012 年早稻抽穗期高温热害发生轻、灌浆期偏重发生;2013 年是高温热害典型年,高温热害发生早(抽穗期)、发生范围广,灌浆期高温热害严重发生,高温持续日数和热害指数均名列历史前列;2014 年无明显高温热害发生。

　　本章引进了温度的标准化异常度的概念,并以此为指标,结合欧洲中心逐日的细网格温度预报资料,开展了逐日高温滚动预警,通过 2012 年历史个例检验,表明预警效果较好,能够反映出高温的发生、发展和减弱过程。预警在 2015 年应用中效果与实况吻合较好。

参考文献

[1] 何永坤,范莉,阳园燕.近 50 年来四川盆地东部水稻高温热害发生规律研究[J].西南大学学报:自然科学版,2011,33(12):39-43.

[2] 罗孳孳,阳园燕,唐余学,等.气候变化背景下重庆水稻高温热害发生规律研究[J].西南农业学报,2011,24(6):2 185-2 189.

[3] 万素琴,陈晨,刘志雄,等.气候变化背景下湖北省水稻高温热害时空分布[J].中国农业气象,2009,30(增2):316-319.

[4] 杨太明,陈金华,金志凤,等.皖浙地区早稻高温热害发生规律及其对产量结构的影响研究[J].中国农学通报,2013,**29**(27):97-104.

[5] 金志凤,杨太明,李仁忠,等.浙江省高温热害发生规律及其对早稻产量的影响[J].中国农业气象,2009,**30**(4):628-631.

[6] 朱珠,陶福禄,娄运生.1980—2009 年江苏省气温变化特征及水稻高温热害变化规律[J].江苏农业科学,2013,**41**(6):311-315.

[7] 柳军,岳伟,邓斌.江淮地区一季稻高温热害指标及其特征研究[J].农业灾害研究,2011,**1**(1):63-66.

[8] 杨炳玉,申双和,陶苏林,等.江西省水稻高温热害发生规律研究[J].中国农业气象,2012,**33**(4):615-622.

[9] 高素华,王培娟.长江中下游高温热害及对水稻的影响[M].北京:气象出版社,2009.

[10] 上海植物生理研究所人工气候室.高温对早稻开花结实的影响及其防治Ⅰ.高温对早稻灌浆—成熟期的影响[J].植物学报,1976,**18**(3):250-257.

[11] 上海植物生理研究所.高温对早稻开花结实的影响及其防治Ⅱ.早稻开花期高温对开花结实的影响[J].植物学报,1976,**18**(4):323-329.

[12] 刘伟昌,张雪芬,余卫东,等.水稻高温热害风险评估方法研究[J].气象与环境科学,2009,**32**(1):33-37.

[13] Bouman B A M, Kroff M J, Tuong T P, *et al*. ORYZA2000:Modeling Lowland Rice[M]. Los Baños (Philippines):International Rice Research Institute, and Wageningen:Wageningen University and Research Centre,2001:62.

[14] 张倩,赵艳霞,王春乙.长江中下游地区高温热害对水稻的影响[J].灾害学,2011,**26**(4):57-62.

[15] 石春林,金之庆,汤日圣,等.水稻颖花结实率对减数分裂期和开花期高温的响应差异[J].江苏农业学报,2010,**26**(6):1 139-1 142.

[16] Matsui T, Kobayasi K, Kagata H, *et al*. Correlation between viability of pollination and length of basal dehiscence of the theca in rice under a hot-and-humid condition [J]. *Plant Production Science*,2005,**8**(2):109-114.

[17] 胡声博,张玉屏,朱德峰,等.杂交水稻耐热性评价[J].中国水稻科学,2012,**26**(6):751-756.

[18] 欧志英,林桂珠,彭长连.超高产杂交水稻培矮 64S/E32 和两优培九剑叶对高温的响应[J].中国水稻科学,2005,**19**(3):249-254.

[19] 林贤青,朱德峰.早季超级稻品种开花期抗高温特性研究[J].中国稻米,2011,**17**(2):9-10.

[20] 田俊,聂秋生,崔海建.早稻乳熟初期高温热害气象指标试验研究[J].中国农业气象,2013,**34**(6):710-714.

[21] 杜钧,Grumm R H,邓国.预报异常极端高影响天气的"集合异常预报法":以北京 2012 年 7 月 21 日特大暴雨为例[J].大气科学,2014,**38**(4):685-699.